敦煌
心灵之旅

人生真谛，原来触目皆是

果与因

净因法师 主编

商务印书馆国际有限公司

图书在版编目（CIP）数据

果与因／净因法师，邓伟雄编著．—北京：商务印书馆国际有限公司，2010.10（敦煌心灵之旅）

ISBN 978－7－80103－680－3

Ⅰ.①果… Ⅱ.①净… ②邓… Ⅲ.①人生哲学－通俗读物 Ⅳ.①B821－49

中国版本图书馆 CIP 数据核字（2010）第 155748 号

图字 01－2010－1928 号

GUO YU YIN

果与因

商务印书馆国际有限公司出版发行

（北京市东城区史家胡同甲 24 号　邮编　100010
电 子 信 箱：*cpinter@public3.bta.net.cn*）

编　　著：净因法师　邓伟雄

策划编辑：温　暄

责任编辑：温　暄

全国新华书店经销

发行热线：（010）65598498　电话、传真：65234023

编辑部电话：（010）65227580

北京京都六环印刷厂印刷

字数：64 千字

开本：889×1194mm　1/32　　3.875 印张

2010 年 10 月北京第 1 版　2010 年 10 月北京第 1 次印刷

定　　价：19.80 元

写在出发之前

不少人常常会问，为什么有人美若天仙，有人其貌不扬？为什么有人今生行善，却濒临不幸，有些坏人终生作恶，却反而逍遥自在、富贵命长？本书中微妙比丘尼在没有参透三世因果报应之前，对自己一生中一连串的打击，和许多人一样颇感不平，怨天尤人。佛陀谆谆告诫微妙比丘尼，行善而遭恶报，做恶反遭善报，并非“因果报应”脱了轨，失了真，而是这个行善的人以前曾做了坏事，到了这一世就先尝到恶果了；而他的善行却要在来日才能有善报。同理，行恶而报善者亦然。正如中国古训说：“善有善报，恶有恶报，如果不报，时候未到，时候一到，统统都报。”微妙比丘尼明白这一道理后，一念之间，怨气全消，终于鼓起勇气，开始了新的生活。

即使你不相信来世，因果报应对今生今世来说也是千古不变的定律。农人想要有好收成，就必须选优质种子，种在好的土壤中，浇水施肥，精心管理，才能在秋天结出好的果实来。不浇水施肥，秋天便难有好收成。这就是因果。一般情况下，今生今世做坏，也同样逃脱不了受惩罚的命运。譬如九色鹿奋不顾身救了溺水人，结果却被出卖。国王得知实情后，立即严惩了这位忘恩负义的溺水人。

当然，一个人深信“种善因，得善果”这道理容易，但将这一理念付诸实践却很难，有时甚至要付出很大代价。善事太子为了使百姓过上富足的日子，冒着生命危险下海采宝，遭亲兄弟的嫉妒，引来杀生之祸。但善事太子不改初衷，无论在何种困境，面对何种人，他都能以欢喜心去广积善缘，救济芸芸众生。真正做到了“眼前都是有缘人，相见相亲，岂不满腔欢喜；世间尽多难奈事，自作自受，何妨大肚包容。”

最后，福田七法揭示了参透因果、种善因得善果的关键，是人的起心动念：不考虑实际需要，为功德而行善，动机是自私自利的，施得越多，私心越大，自然无法得到善果；反之，如果用一颗无私、真诚、随喜的心去做对大众有益的事，才可获得无限的善果。因为以如此之心行善，方能减少人们的贪心与私心，心灵才能得到升华。

净因

目录

第二站

第四站

果与因 | 第一站

九色鹿救人

在印度的恒河边住了一只会说话的九色鹿，它有天救了一个遇溺的人，那人对鹿感恩戴德。后来，那人却为了厚赏，昧着良心带国王捕鹿。但当国王找到九色鹿，不仅释放了它，又严惩了那个曾遇溺的人。是什么原因出现如此戏剧性的结局?

* 故事出自《佛说九色鹿经》，标示于各情节段落后的编号与"经文锦囊"部分对应。

九色鹿奋身救溺水人

过去世中，佛陀曾投胎为九色鹿，鹿毛有九种颜色，美丽非凡。它住在水草茂密的恒河边，常到河边饮水觅食，与乌鸦成了莫逆之交，生活过得优哉悠哉。一天，九色鹿来到河边玩耍。这时，有一个人不小心掉进河里，被急流冲卷而下，一会儿浮出水面，一会儿沉入水中，情况十分危急。那人好不容易抓着一根树枝，死命抓紧，大喊呼救："山神呀！树神呀！各方神仙呀！为什么不来救救我呢？"九色鹿听到呼救声，赶快跑到河边，不顾危险，跳进河里去，对那人说："不要怕，你可以骑在我背上，捉住我的两角。我会把你背上岸的。"九色鹿把溺水的人救上岸后，已筋疲力竭。**1.1**

善良的心灵

佛教把无条件解救他人苦难的人通称为"菩萨"，
在这个故事中，"菩萨"是专指释迦牟尼未成佛前的前身。
当九色鹿看到一个有生命危险的落水者时，心中自然生起大悲心，
毫不犹豫地跳入水中救人，这是菩萨的本能，也是人性善良的一面。
那些见义勇为的人，在日常生活中大有人在。

九色鹿救遇溺的人

恒河水碧绿清澈，九色鹿在河边快乐地玩耍。同时，河中又绘画了溺水人骑在九色鹿背上，是九色鹿从急流中将他救出的场面。

北魏·莫高窟第257窟（修复）

溺水人誓言报恩

溺水人从九色鹿身上跳下来，感激涕零，
围绕九色鹿转了三圈，又跪下来叩头不止。
为了表达感激之情，他还说愿意当九色鹿的奴仆，
采摘最好的水草给它吃。九色鹿摇摇头说：
“我救你，不是为了叫你报我的恩。
我们各自离开，各过各的生活。
若你真想报答我，就别对任何人说出我的藏身处。
很多贪婪的人，一直想取得我美丽的毛皮和鹿角，
如果有人知道我住的地方，他们就会来杀我。”
那人说：“一定，一定，我什么也不告诉人家。”
他拜谢九色鹿后，便离去了。1.2

自在的心灵

人在苦难中，内心无助，渴望有人来相助；
若有人适时地给予援助，内心是很感激对方的。
当九色鹿救起溺水人，那人的报恩之心也是真情流露，
并不是假情假意。九色鹿救人时奋不顾身，
是出自本能，并没有图报的企盼，
所以它只要求溺人不要透露它的行踪就心满意足了。
有恩不求报，确实是不可多得的美德，
是使人心无羁绊挂虑、无所求、活得自由自在的一大法宝。

溺人跪谢九色鹿

北魏 · 莫高窟第257窟

溺人下跪，向九色鹿表达感激之情，并说愿意报答它。

王后求国王猎鹿

一天夜里，这个国家的王后做了个奇怪的梦，
她看见一头鹿，身上的毛有九种颜色，头上的角洁白无瑕。
她醒来后，对国王说："我要九色鹿，拿它的皮做坐垫，
您快给我找来。若得不到它，我宁愿死掉。"国王对王后说：
"我是一国之君，有什么不能得呢？"于是，他出重赏利诱国民，
向全国宣布："谁找到九色鹿，我就分给他半个国家，
还有满满一大盆金子。" 1.3

贪念蒙蔽的心灵

当我们接触事物时，会产生三种感受：喜欢、不喜欢和舍受。
当我们喜欢某件事物时，接下来就想据为己有，贪心自然产生。
然后，我们会想尽办法去占有它，
如果用正当方法无法获得，就会不择手段，
用违法（如贪污、盗窃、逃税、走私、毒品交易）、
暴力（如抢劫、杀人）等手段，由此引发无穷罪恶，
造成世界上的种种痛苦、焦虑、不安、争执、哀怨、仇恨……
贪，为一切罪恶痛苦的根源。
王后贪得鹿的皮角，国王则贪恋王后的美色，
愿以一半国土作为厚赏，一张鹿皮、一只鹿角值半个国家吗？
可见贪心对人的行为产生何等影响！
难怪佛家说："一念贪心起，百万障门开。"

宫殿中的国王与王后

王后请求国王为她猎鹿，画中的她在大发娇嗔，媚惑国王。她身段修长婀娜，坐在床上扭腰回身，右手搭在国王的肩上，左手放膝上，手指翘起，一只脚掌露出裙外，上下翘摆，似因国王答应满足她的请求而扬扬自得。

北魏·莫高窟第257窟

溺水人透露九色鹿行踪

猎鹿消息一出，全国哗然，可是，谁也没见过九色鹿，谁也不知道九色鹿在哪儿。只有一个人，就是九色鹿救的那个人知道。他一听到这消息，起初有些犹豫，但转念一想："这下可好了，想不到九色鹿的行踪竟能换来享不完的荣华富贵！"早前的承诺早已抛诸脑后，他想，九色鹿不过是畜生，死活有何重要呢？他于是把心一横，跑到王宫，告诉国王："我知道九色鹿在哪里。"国王十分兴奋，向溺水人保证必遵守诺言，捕鹿后赏他一半国土。

就当溺水人开口说出九色鹿所在，脸上便突然生出毒疮，但他继续说："这九色鹿非比寻常，请陛下多带勇士，鹿必定就擒。"国王很快召集大军，浩浩荡荡地出发猎鹿。*1.4*

心灵的污点

正确的思维极为重要。
当溺水人把九色鹿当成他的救命恩人时，
他对九色鹿是感恩戴德的。但面对国王的重金悬赏，
他动心了，利欲熏心，千方百计为出卖恩人而找借口。
借口终于找到了：我的救命恩人只不过是一只畜生。
于是，他便心安理得地向国王泄露九色鹿行踪，然后等待领赏。
由此可见，每一个人都会为自己的所作所为找理由，
如思维不正确，做起坏事来也理直气壮！

溺人泄露九色鹿行踪

北魏 · 莫高窟第257窟

溺人手指九色鹿所在，立即身长毒疮遭到报应，前面是跟随国王出猎的随从。

出猎马车

北魏 · 莫高窟第257窟

国王得悉九色鹿行踪后，召集军队出猎。本图是队伍中的马车，有密封的车舆，应是国王的坐驾。白马体形修长，步履矫健轻盈。

九色鹿指斥溺水人不义

这天，九色鹿正伏着打瞌睡，乌鸦在树上，远远看见国王大军，赶紧大喊。九色鹿给吵醒了，可是已经太迟，大军已把它重重包围。九色鹿走到国王面前说："请陛下不要杀我，我曾救了您的人民。"

国王觉得此鹿非比寻常，说不定是天神化身，便制止军人放箭。九色鹿下跪，询问国王："谁带你们来的？"国王指向车队旁那个脸上生疮的溺水人。九色鹿一看，泪流不止，向国王说出冒死救人的经过。

国王得悉真相，非常惭愧，叫士兵让路给九色鹿离开，并下令以后禁止猎鹿。至于那个背信弃义的人，国王命士兵把他绑起，扔到恒河里去了。从此以后，几千只鹿儿来到恒河边生活，不再吃田里的农作物，全国丰收，也无疾病灾害。***1.5***

心灵的勇气

佛法的重点不是要很快给一个人盖棺论定，
说他是大善人或是大恶人，更重要的是要人知错能改。
国王本来是为了讨好王后，才带着大军来抓九色鹿的，
但他听过九色鹿的慷慨陈词、痛斥溺水人的忘恩负义之后，
受其大仁大义所感动，不但放走九色鹿，
而且下令保护全国的鹿，让它们自由自在地生活。
由此可见，勇于承担，是一份动人的力量；
勇于承担错误，则是一种高尚的品质。

九色鹿对国王陈情

北魏 · 莫高窟第257窟

九色鹿挺胸直立，毫无卑屈之态，与经文记述它下跪向国王陈情有别。而画中国王低眉俯首，倾听九色鹿的救人经过，表现出慈悯和关怀之情。

寓 意

本故事的寓意极为深刻，讲述心随境转、心念无常不实的道理。

心念有善的、恶的、无记性三种，受外界影响而起作用。溺水人遇难获救，感恩心生起，这是善念；当面对国王的重赏利诱，溺水人又转念想，这救命恩人只不过是一只畜生，于是恶念生起，出卖九色鹿；当九色鹿痛斥溺水人的忘恩负义之时，那人躲在国王后面，不敢面对救命恩人，此时他的惭愧心也许生起来了，这又是善念的开始。同样，国王为了讨好王后，派兵捕杀九色鹿，这是恶念；当他面对大仁大义的九色鹿时，深受感动，不仅让它自由，而且下令全国的人都要保护它，这是善念。

由此观之，心念是无常不实的，当条件发生变化时，心念也随着起变化。在人生的旅程中，常常会有很多考验、抉择，为善为恶，全在自己的一念思维。

壁画艺术导赏

第257窟　九色鹿故事图

双线发展营造故事高潮

北魏时期的壁画，大都笔势豪壮，设色沉郁，但亦间有笔法细腻、用色鲜丽的，像这壁的九色鹿故事图，就是很好的例子。

这一铺壁画，采用北魏常用的连环图式构图，但故事情节推展的安排，颇为特别。可能因为这个故事有两条线索，一线是九色鹿救人，而另一线是国王猎鹿，故此，壁画亦是一边由左至右，而另一边由右至左地推展，两边推展到最后，是九色鹿与国王相遇，这个情节就写在壁画的中央了。

从左边起，是九色鹿在河边嬉戏，然后是它在河中救了溺水的人，再过去是溺水人向九色鹿拜谢。在这一段画面中，九色鹿与溺水人是主角，正如其他北魏壁画一般，人物比例写来比山和树都大得多。九色

第257窟　九色鹿故事情节发展示意图

九色鹿故事图（全图之二）

九色鹿故事图（全图之一） 北魏·莫高窟第257窟

鹿形态的描写，十分细腻，应该是先用白色勾写轮廓，然后满填白色，最后用石绿加上斑点及写四蹄，用以表现九色鹿毛色斑斓的特征。九色鹿身上所填之颜色与用来勾轮廓的颜色一致，故此，轮廓线条自动消失，看来像是用没骨法写成。不过从鹿形的准确，及现存敦煌白描画稿有不少是勾勒动物，可以设想当时还是先勾外形，然后填色。九色鹿的眼耳口鼻，身体四肢等细节，不像壁画中的人物以勾勒绘出，只是用颜色堆积而成，不过因为轮廓准确，形态生动，故此仍予人非常立体的感觉。九色鹿在嬉戏时的轻松神情，背负溺水人上岸时的负重用力，及面对溺水人向它道谢时之安详慈悲，都在姿态中表露无遗，一点没有因为缺少了细致的形貌描写而减弱了美感。

壁画的另一边，从右边向

中间推进，是写王后娇媚地要求国王猎鹿，并由溺水人向国王与王后讲述九色鹿行踪。国王由溺水人引导寻鹿时，溺水人因恩将仇报而受到恶报，突然满身长出恶疮。在这一段画面中，国王自然是画的主体，形象写得最大，而线条较其他北魏时期绘画，更有铁线描般的感觉，可以说是较接近西魏、隋唐的描法，形象比例也十分精确。国王描绘得很庄重威严，与王后的柔媚姿态，溺水人的险诈鄙劣神情，成了一个很强的对比。中国画讲究“六法”，最重要的是“气韵生动”一条，从这三个人的神态绘写上，已经表达得很好，这点与一般佛教壁画，尤其是唐代以前多只着重佛与菩萨的庄严与供养人的虔诚比较，大不相同。

笔者更认为，这铺壁画的最精彩处，在于画中三匹马的描绘：一匹是拉车的马，一匹是侍从所骑的绿马，最具神气的是国王所骑的黑马。三匹马的马头与四脚，写法都较夸张：马颈较长，使马头部分，不论是弯曲或前伸，都显得夭矫，而四蹄屈伸，更完美地表现骏马轻盈地奔跑的神态。隋唐以后，绘写马匹着重肥壮，如本壁画此种马的描绘方法，就不多见了，反而近代徐悲鸿的泼墨写马，有近似的神态。

最后，壁画中间是故事的最高潮，亦是最后的结局，是九色鹿面对国王陈述溺水人见利忘义的行为。九色鹿理直气壮的神情，与国王专心聆听而带慈悲的表情，又成一种很巧妙的艺术对比，为整幅壁画画龙点睛。

（撰文/邓伟雄）

果与因 | 第二站

善事太子入海取宝

善事太子出城巡游，看到众生为生存而劳累辛苦，心生忧戚。当他听闻海底龙宫有如意宝珠可尽遂人愿，拯救苦难众生，决定入海寻找。历尽千辛万苦，善事终于获得如意宝珠，同行的弟弟恶事却心生恶念，用棘刺刺瞎了善事，夺宝而逃。失明的善事流落他乡，生命随时有危险。命运对两兄弟会否给予公平的判决？

* 故事出自《贤愚经·善事太子入海品》，标示于各情节段落后的编号与“经文锦囊”部分对应。

国王得子

从前有一大国，国王宝铠因无子嗣，

担忧死后无人继位，导致天下大乱，生灵涂炭。

天神洞悉国王心意，托梦给他说：

“山上有两位仙人，其中一位全身金色皮肤，

你去请他投生王家吧。”

国王醒后立刻上山寻仙，果然如天神所言。

金身仙人答应回宫，

但另一位仙人也要跟随，国王同意。

未几，两位夫人怀孕，诞下了两位王子。

相师为两位王子相面和改名，

当得知大王子的母亲在怀孕时性情由恶变善，

便为他取名“善事”，并预言他将来亦必成大器；

而小王子的母亲在怀孕期间由善变恶，故取名“恶事”。**2.1**

心灵的角力

每个人的内心深处既有善良的一面，也有恶的一面。

善恶往往只在一念之间。

让善的种子发芽，它就会成长为心灵的绿荫。

反之，让恶念生根，它就会泛滥成灾。

两位王子代表人性中善与恶的双重性。

善事太子出生

北周 · 莫高窟第296窟

宫殿内，宫女抱着婴儿，表示国王如愿得子；图下部画国王及夫人下跪，相师抱着太子相面和取名“善事”。

善事长大出城游历

国王建造了三座宫殿，

供王子在不同季节居住。

善事在宫中生活舒适安逸，

他聪明好学，博览经籍，通晓义理。

有一天，善事请示国王，希望出城游历，

国王知道后，下令清理沿街道路，

不要给太子看见不净之物，

又准备大白象供他乘坐。

出行队伍浩荡，阵容鼎盛，

为太子开路护驾。2.2

心灵的成长

许多父母都希望永远将孩子收藏在自己丰厚的羽毛之下，让孩子过安逸无忧的生活，不要接触到现实中种种不如人意的事情。这种过分的保护，有时会适得其反，如同温室的花朵，无法适应外界变化莫测的天气。

善事的三时殿

北周 · 莫高窟第296窟

善事深得国王宠爱，为他营造春秋、冬、夏三时宫殿群。这是其中一座，建筑物有高台基，前有台阶，显示了居住者的崇高身份。

亲睹众生劳苦

城中居民得悉太子出巡，

纷纷上街夹道欢迎，

就连两旁的楼阁都挤满了人。

人们亲睹太子的庐山真貌，

都说他仪表不凡，有如仙人托世，

真是人中少见。

出行路上，善事遇见一位跛乞丐，

瘦骨嶙峋，衣衫褴褛，

便问侍从："这人为何这样？"

大臣回答："可能他自幼丧父丧母，孤苦伶仃，

现又身染顽疾而苦无生计吧。"

善事不禁心生怜悯。***2.3***

善事坐象舆出行

北周·莫高窟第296窟

善事跪坐在大白象上，象背铺着花毡，并竖伞幢，装饰讲究。路旁百姓欢天喜地迎接善事驾临。

见百姓伤生作业

出行队伍继续前行，善事见屠夫宰杀牲畜，剥皮卖肉，
又问："你们为什么这样做？"
一位屠夫回答："我祖辈已是以屠宰为业，
除此以外，我别无他长可以谋生了。"善事听后，叹息不已。
善事走到农地旁，见小虫钻土而出，被蛤蟆所吃，
蛤蟆又被蛇所吃，蛇又被飞来的孔雀啄吃。
当他看到农夫，便问："你们为何这样辛劳呢？"
一位农夫答："田地是我唯一的产业，
要耕种才有收成，可以自给自足。"
太子叹息："为得食物而杀害其他生命，
终年劳役，真是太辛苦了。"
善事沿路又见猎人渔夫为生存而杀生，
回宫后，终日闷闷不乐。2.4

心灵的拷问

生存的竞争是残酷的。所谓"仓廪实而后知廉耻"，
不少人为生存而挣扎的时候，不自觉地做出一些有违道德的事。
屠夫和渔夫杀生是职业的需要。
"是否可以为一个看似合理的目的而不择手段？"
——是我们经常遇到的拷问。

经典智慧： 太子长叹，愍哀群生，为衣食故，乃当如是。
杀害众生，供俟身口，殃罪日滋，后报如何？

农夫耕地

北周·莫高窟第296窟

善事看见农夫正在扶犁耕地。农地中的小虫被蛤蟆吃掉，蛤蟆又被蛇吃掉，蛇又被孔雀吃掉。

善事路遇屠夫、农夫、猎人和渔夫

北周 · 莫高窟第296窟

图左上段有猎人拉弓射羊、鹿，其下是渔夫在河边撒网捕鱼。画面右下角，见一位屠夫立在屋前，右手高举利刃，屋中悬吊着牛只，牛头已被砍下，落在地上的血泊中。其上的农田中，从地里翻出的虫蛇被鹰雀啄食。有人向善事解释他们苦力劳作方得生计，不得不从事这些杀生之业。

善事请求开库布施

善事得悉人间疾苦，生了开库济贫的念头，请求国王恩准。国王疼爱善事，便答应了。善事嘱人向全国人民宣布将以国库财宝施济贫病老弱者。

开库不久，库藏大臣开始担心，向国王禀告："陛下，国库转眼已耗掉三分之二，不能长此下去了。"国王明白大臣的忧虑，但善事慈悲为怀，又不忍令他失望，唯有施以"缓兵之计"。他对大臣说："下次太子到国库取宝，你就避一下吧！"

善事逐渐看出库藏大臣的举动，应是国王默许的。他也不想再动用国库施舍，便与大臣商议开源之法，一位大臣说："听说海底龙宫有如意宝珠可尽遂人愿。"于是，善事决定去冒险。**2.5**

正视人生的智慧

不同的人看到世间的疾苦会产生不同的心态。
有的人会产生恐惧，选择逃避，
过着"两耳不闻窗外事"的生活，建一道心墙，
拒绝接受现实，正所谓"眼不见，心不烦"。
有的人自觉已洞察人生苦短之真意，产生了"及时行乐"的念头，
声言"人生得意须尽欢"，其实这同样是一种消极的逃避。
而真正的勇者则正视人生，接受现实，
于己，无论富贵贫贱均安之若素；
于人，有一颗善良慈悲的心，尽自己的能力帮助他人。
善事太子正是这一类人。

开国库周济贫民

北周·莫高窟第296窟

图右上角是善事及随从的马队返回王宫。左下部善事站在宫殿前，向百姓施舍衣物，数人持物而去。

召众入海寻珠

善事禀告国王和王后要入海寻珠，两老心忧如焚，担心贵为太子的善事，自小锦衣玉食，无法应付海上的凶险艰辛。国王说："我将库藏残余也全部布施，别去冒险了。"善事为表明决心，绝食了七天，国王无奈只好依他。善事安慰父母，保证速去速回。

五百商人应召组成入海取宝队伍。善事得知国内有盲眼船师，富出海经验，便邀他加入当导航。船师起初恐责任重大而婉拒，善事又请国王出言说服，终获船师答允。善事随即着手筹备：与船师定出发日期，出三千两金子购置船只、粮饷及一切所需。

此时，恶事不甘善事将来独领大功，向国王说："让我随哥哥出海吧，兄弟俩也有个照应。"国王同意。**2.6**

心灵的导引

一个人的高尚不在他做什么，而是他做事的动机和目的。
善事是为了济度苍生而入海寻宝珠，而恶事则心胸狭隘，
恐兄长取回宝珠之后，更得父王和百姓的喜爱，
出于嫉妒之心，故追随而去。此中高下，一目了然。
而船队由盲眼船师带路，看似悖论，
其实是说明了"见性则明"的道理。
一个人只有心里光明了，才能把世界和自身看得更清楚，
才能走上正确的道路。

取宝队伍

北周·莫高窟第296窟

骆驼、骡、马、驴的运输队整装出发，它们背上都驮运大量物品，以备善事船队出海之需。

船队抵达宝山岛

善事率领入海队伍到达海边作最后准备，他每天都向队员说一遍："沿途凶多吉少，如有犹豫，请即回去。"大船用七条粗绳缆系在码头，每天斩断一条，到第七天，船队正式出发。船队航行了数天，抵达宝山岛。善事嘱众人取宝后先回，他则跟盲船师乘坐小船，继续寻找如意宝珠。临别前，善事警告恶事等人取宝要适可而止，以免船负荷不了。善事随盲船师指引，经过银山再到达金山。

船师自知命不久矣，他为善事指出前往七宝城的方向，又告诉他："到宝城后，你就取门边的金刚杵撞开城门，城内五百天女便会将宝珠奉上，颜色深青透红的那颗，就是你要找的如意宝珠。"说罢便死了。善事十分伤心，埋葬船师后继续前进。2.7

中庸的智慧

人参虽是大补之物，不宜多服；

只可当药，不可当饭。

若不论分量，不拘时度饱吃下去，一般也会伤人。

金银财宝，为世人所爱，但是如果见钱眼开，

利令智昏，贪得无厌，反遭其害，甚至枉送性命。

经典智慧：敕语众贾，令随意取。重告众贾，令多少得中。

途经宝山

盛唐·莫高窟第31窟

这是另一幅善事太子故事画，绘于盛唐。善事一行抵达宝山岛。画面中间是恶事等人正在宝山搬运财宝。右上方是运金银的船，船上盛满财宝，可知各人贪图金银，不知厌足。

善事得珠　恶事船覆

不久，一座镶满珍宝的城池在善事眼前出现。善事按指示以杵撞开城门，五百位天女便向他奉上宝珠，最前的就是那颗如意宝珠。善事将宝珠一一收下，迫不及待回程。

另一边厢，恶事没理会善事警告，怂恿各人多取珍宝，船只不堪重荷。当善事折返，船已沉没。善事身怀如意宝珠，能浮于水，却也只能救回恶事上岸。

恶事得知善事得珠，心想："从此，我在父王面前岂不更无立锥之地？"恶事妒火中烧，趁善事熟睡，用尖刺刺盲他，又掠走宝珠离去。

善事梦中惊醒，恐怕弟弟同样遇害，大呼恶事却没有回应。树神目击一切，便告诉他："那恶贼就是你弟弟，他刺盲了你，夺去宝珠，逃之夭夭了。"**2.8**

心灵的正途

善恶相较，常常是好人吃亏。好人不一定立即有好报。修行的一个难点在于能否在困境中坚持自己的信念。恶事因嫉妒而生嗔恨，全然不顾兄弟情谊。现实生活中，这样的例子屡见不鲜：看到身边的人事业成功，总要想办法把他拉下来；看到别人家庭幸福，便造谣生事。其实，如果将动歪脑筋的时间用在正途上，或许你已经一样成功幸福了。

看到他人成就，心生欢喜；看到他人落难，则鼎力相助。少一些贪心与嗔心，培养良好的心态，你已经走在幸福的路上了。

海上取宝船

北周·莫高窟第296窟

海中央的建筑物应是七宝城。右面见众人行船，另一边则见善事拉恶事上岸，取宝船因负载太重已经覆没，在图的左上角，绘画了恶事按善事于地欲刺盲他。

善事流落梨师跋陀国

善事既盲且痛，辗转爬到梨师跋陀国，
在路上遇上五百头牛，
为首的牛王对善事又是怜惜又是敬重，
不住地舔他，牛群也围拢起来。
牧牛人奇怪，前往察看，发现竟是一个人，
双眼还插着刺，仪表却属不凡。
牧牛人立刻替善事拔去眼中的刺，
又带他回家，用奶为他敷治伤口，供给饭食。
善事获得悉心照料，眼睛的伤势稍为好转，
而牧牛人仍然照顾殷勤，未曾松懈。**2.9**

以诚待人的心灵

人们常常喜欢“锦上添花”，而非“雪中送炭”。
当一个人成功得意之时，周围自会多趋炎附势之人；
而在落难之际，却往往“门前冷落鞍马稀”，
令人慨叹世态炎凉。故事中的牧牛人虽家境贫困，
却真心诚意地帮助善事，将他带回家中照顾。
这种毫无功利之心的平凡人，
正验证了六祖慧能的名言：
“下下人有上上智，上上人有没意智。”

牛王舔目

北周·莫高窟第296窟

右面是善事坐在路旁，遇上牛群路过，牛王正在舔他眼睛；左面是牧牛人为善事挑出眼中刺。

善事坚持自力更新

善事体力渐渐恢复，他得知牧牛人家计不丰，不忍再负累他，便向他告辞："您对我恩重如山，难以酬报，我现已能照顾自己，实在不想再打扰您。有劳您送我入城，我当自谋生计。"牧牛人留他，但没多久，善事又旧事重提。牧牛人见他坚持，只好依他。入城后，善事请牧牛人买琴给他解闷，然后两人便分手了。

多才多艺的善事，在街上弹琴卖唱。他的歌声美妙犹如夜莺，乐韵激荡又如流泉，使全城为之倾倒。人们纷纷携着食物上街倾听，五百乞儿亦前来依附善事讨食。**2.10**

抗『逆』的智慧

人的一生，总有身处逆境的时候。
面对各种处境时的心态，则是核量一个人境界的温度计。
如果一个人只要顺境，不要逆境，
视逆境为不利的东西而加以拒绝，
并将精力集中在逆境带来的伤害与痛苦上，
那么这种人即使只是受到一点痛苦，都要承受较大的伤害；
即使是微小的伤害，也会无法忍受。
反之，若能正确对待逆境，
便会觉得一切顺逆境都是很自然的事。

善事弹琴

北周 · 莫高窟第296窟

善事在街上弹琴唱歌，引来人群围观。

善事看守果园

梨师跋陀国王有一果园，常有鹦鹉飞来啄吃果子，守园人独力未能把鹦鹉赶走。一天，守园人在街上见善事诚实可靠，便聘他帮忙守园。善事最初担心眼盲未能胜任，守园人解释，他只要在鹦鹉飞来时，摇响树间绳上的铃，把它们吓走便可。善事答应，在园中常以唱歌奏乐自娱。另一边厢，恶事返国，骗说善事遇难，国王悲痛欲绝，骂恶事不顾其兄安危，恶事愤而埋掉宝珠，没对任何人提起。

国王为寻爱子下落，把善事养的大雁放走，并缚上亲笔家书。大雁飞到梨师跋陀国的果园，听出唱歌者就是善事。善事从声音也认出是他所养的大雁，但他无法看到家书，只拿纸笔写出恶事的所作所为，将信缚于雁颈，放它回国。**2.11**

随遇而安的心灵

一直喊苦、叫苦，是“舍不得”苦，会招来苦苦相逼；
唯有忘了自己、忘了痛苦，才得解脱。
善事以太子之尊，双目失明，又沦落到成为守园人，
在常人眼中，不啻于从天堂到地狱。
然而善事却随遇而安，丝毫不怨天尤人，
他还在园中唱歌奏乐自娱，可见其平和的心态。
人生的际遇起伏不定，心随境迁则烦恼无边。
身处逆境之时，如能保持良好的心态，往往会有意想不到的收获。
要相信正义总有昭示的一天，因为希望总是在绝处逢生。

鸿雁传书

五代 · 莫高窟第61窟

这画面出自另一幅五代的善事太子故事画，绘画他放走大雁，将给父母的家书带回祖国。

善事与公主果园相遇

梨师跋陀国公主品貌双全，一天她到园中游玩，遇上眼盲又蓬头垢面的善事，细察后觉得他气度不凡，攀谈起来更越发投契。公主被善事深深吸引，回宫后向国王表明非善事不嫁。可是，国王原来早把公主许配给宝铠国王长子善事，但因不知这盲眼园丁便是善事，于是坚拒婚事。公主誓不移志，国王无奈允许。婚后，夫妇生活幸福美满。

一天，公主晚归，善事疑其有变。公主起誓："我对善事一心一意，苍天可鉴。如我所言非虚，请让他一眼复明。"说罢一眼痊愈。欣喜之际，善事说自己是太子，并将遭遇道出。公主感叹，问他如何处置恶事，善事说不打算追究，公主不信，他起誓说："我原谅恶事，出于至诚，苍天可鉴。如我所言非虚，请让我盲眼复原吧！"说罢另一眼又变好了。**2.12**

智慧的心眼

外表美只能取悦你一时，内在美方能保你一生平安。

无论待人接物，我们常常重视外表多过内心。

公主可谓"慧眼识英雄"，在善事贫困潦倒之际，

不以貌取人，勇敢付出真情。

琴声吸引公主

北周 · 莫高窟第296窟

公主与宫女到果园，见善事弹琴，伫立聆听，成为了知音人，心生爱慕。

善事返国施宝

公主带善事拜见父王，国王得悉善事原来就是太子，不禁愧疚自己以貌取人，有眼不识泰山，他隆重置办车马象轿送太子夫妇返国。善事请求国王替他报答有恩于他的牧牛人，国王便以华衣美服、田地宅舍、奴婢牲畜作为赏赐。与此同时，善事的大雁飞回王宫，恶事阴谋败露，宝铠国王怒罚恶事入狱。

善事归国后，请国王放恶事出狱，找回如意宝珠。他将宝珠置于高杆，沐浴更衣，敬拜祈祷，宝珠顿现灵异，普降甘雨，滋润禾苗，又化无数珍宝、金银、衣食、物品。善事一一施舍给民众，举国百姓受惠，并奉行十善道。*2.13*

宽容的心灵

仇恨像是牢笼，不仅囚禁别人，也束缚自己。

原谅别人，其实也是解脱自己。

世间之事，十有八九不能称心如意，

所以一定要以开阔的心去善解、包容、宽容他人，

去除人我的对立，才不会被烦恼纠缠。

多一次原谅人，就多造一次福，把量放大福就大。

经典智慧：波婆伽梨（按：恶事）虽刺其眼，无有微恨大如毛发，敬爱慈恻，倍加于前。

善事回国

这是另一幅善事太子故事画，绘于中唐。上部绘画了善事返国，与父母相拥喜极而泣，情绪激动。下部绘画宝珠供于柱台高杆，善事登上高楼，祈宝珠降下珍宝。

中唐·莫高窟第154窟

寓　意

解除人间的灾难，一定要从改善人心做起；想救世，必先从人心救起。人心健康，则社会、国家，甚至天下都能调顺；人民和乐，世界自然就能太平。

恶事因一念嫉妒心，造成了夺宝杀兄的悲剧，遭到牢狱之灾的报应。而善事的一念悲心起，不仅有入海取宝救众生的壮举，而且宽容了企图谋杀自己的亲弟弟，令家人大团圆，民心归顺，国泰民安。由此可见，最幸福的人生，就是能宽容与悲悯一切众生的人生。

一般人常言要争一口气，其实真正有功夫的人，是把这口气咽下去。把气愤的心境转换为柔和，把柔和的心境再转换为爱，如此，这个世界将日益完美。

壁画艺术导赏

第85窟　报恩经变恶友品之善事树下弹筝图

唐代人物画精品

这幅善事太子树下弹筝图，是唐代“报恩经变”中相关故事的壁画局部。但这一局部，却极似宋代画院中人所绘之纨扇，结构虽少，但已极完整。

从画面上看来，这一段壁画，两个人物与其背后的两株树，不论是比例还是远近透视，都已经处理得很成熟，南北朝时代的“人大于山”、“主大从小”的画法，已经不再存在，故一看即知是唐代佳作。

画中两株大树，树干先用赭石色勾出外线，然后填以石绿；树叶则用石绿以没骨法写成。这个画法，和敦煌石窟所出唐代纸绢上佛画衬景树木，与流传至今之唐代纸上人物画，如周昉《簪花仕女图》中所见之树石，可说大同小异，从此可知，这是当时一种很常见写法。

第85窟　善事树下弹筝图

两个人物，一正面而另一背

善事树下弹筝图

晚唐 · 莫高窟第85窟

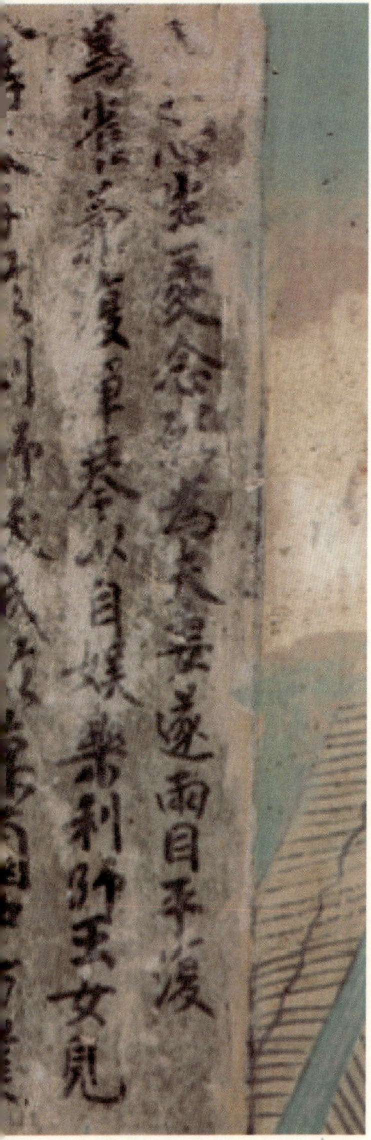

向，正面的善事太子，面及手部用赭石色细细勾写，较之现今藏在日本大阪美术馆的吴道子《送子天王图》，北京故宫博物院的五代顾闳中绘《夜宴图》中的文士，造形大致相近。而衣纹线条之流畅舒展，更带书法意味，直可作吴带当风这一画法的例证。

善事太子闲坐弹筝，与宋、明两代大家所绘弹琴图相比，其俊逸之态，可谓并驾齐驱；但说到画中的古穆神意，即使以今藏台北故宫博物院的宋徽宗《听琴图》与之相较也难及其静穆，唐代孙过庭云：“古质而今妍”，这是一个不易定理，越古的艺术作品，越有其古朴气息，这是一种自然流露，造作不来的。

对坐听琴的少女，虽然是侧背而坐，但仍可见面形与身形都是当时流行的丰满情态。如果拿一个唐代仕女俑的背面来比较这个少女画像，就可以知道当时艺术家的写实程度。

人物服饰的衣纹线条流动，如春蚕吐丝，与张萱的《虢国夫人出游图》正是同出一辙。以墨、白、石青及石绿为主，但配搭得宜，故雅丽而不单调，足见画师技法之高明。

中国绘画，尤其是人物走兽，到了唐代发展成熟。吴道子、周昉、张萱、韩干、韩昉等人物画家之相继出现，使魏晋时代顾恺之、张僧繇、曹仲元等人开展的技法，更趋臻美完备。故东坡居士曾有“君子之于学，百工之于技，自三代历汉至唐而备矣。故诗至于杜子美，文至于韩退之，书至于颜鲁公，画至于吴道子，而古今之变，天下之能事毕矣”之赞叹。

唐代壁画在作风上，可分两类，一是细笔勾勒、重彩设色的大制作，有不少描绘极乐世界的壁画，而另一种则是情调幽雅，描绘清淡，像此幅壁画画面，以及张大千极为赞赏，曾临摹多次的“树下侍女图”（第17窟），可称代表。如果以影响而论，后一种画法，最为后世文人画家所师法，亦可谓中国传统主流画风的一个重要源头。

敦煌壁画到了唐代，可以说是发展到顶峰，唐代以后，虽然宋、西夏及元代，都有一些以绘写精丽而长传于世的作品，但是终究是强弩之末，已经难与北魏、隋、唐各代多而且精之壁画相比了。

（撰文/邓伟雄）

果与因｜第三站

微妙比丘尼的前世孽与今生苦

微妙是一位已经断除烦恼的比丘尼，但她却有一段悲惨过去。她迭遭横祸，家破人亡。三段婚姻都落得惨淡收场，更成为陪葬品惨被活埋。她责问苍天，前世到底作了什么孽，今生遭此果报？

* 故事出自《贤愚经 · 微妙比丘尼品》，标示于各情节段落后的编号与“经文锦囊”部分对应。

微妙讲述坎坷身世

舍卫国摄政王暴虐无道，放醉象踏杀人民。众多贵族女子怨世情凶险，纷纷出家为尼。她们身于寺庙修行，却难耐青灯古寺的孤寂，凡心蠢动，还俗的念头困扰脑际，于是向一位名叫微妙的比丘尼求教。

微妙说："我历经三世，你们想知道什么？"众比丘尼答："请以你的今生遭遇开导我们吧。"微妙对她们说："欲念就如山中野火，足以燎原。人一旦被儿女私情所牵绊，心就好像被困牢狱。"她徐徐道出自己今生的因果业缘："我生于尊贵世家。一位富家子垂青我的美貌，请媒人携聘礼求婚。婚后不久，大儿子出生了……" 3.1

心灵的致命伤

身体的病倒好治疗，怕的是心病；
有了心病，于行、住、坐、卧中都不得安宁，
浑身不得自在，甚而吃不下，睡不着……
在众心病中，情欲危害最深。
处理情欲的最佳方法是正确地面对它，
然后像大禹治水那样，疏导它、降伏它，
进而使它升华并转化成有用的能量。
微妙比丘尼现身说法，说明"以情疗情情更苦"的道理。

经典智慧：夫淫欲者，譬如盛火烧于山泽，蔓莚滋甚，所伤弥广。
人坐淫欲，更相贼害，日月滋长，致堕三涂，无有出期……
家恋深固，心意缠缚，甚于牢狱。

微妙相亲

北周 · 莫高窟第296窟

上部左屋内是微妙与未来丈夫相亲，右屋为双方父母谈论婚事。下部是微妙的前生。

微妙一家遭逢巨变

“……后来，我怀了第二胎，快要生产时，夫家父母相继亡故，我不便同行料理后事，丈夫先陪我携子返娘家。途中，我因腹痛不能前行，走到树荫下休息。当晚，我半夜产子。不料血腥引来毒蛇，丈夫遭蛇咬。

“到了天亮，我勉力起来，才发现丈夫已毒发身亡。我吓得昏了过去，大儿子见父亲尸首，呼天抢地哭喊，我听见喊声，渐渐苏醒，无奈只好携大儿子和新生儿哭着上路。

“行至一处无人险地，遇一大河，水深浪急，我留大儿子在岸边，先抱小儿子游水过河，再返回接大儿子。大儿子见我游回岸，便跳入水，却被大浪卷走了，我发力游去也追不回。我回头再看对岸，又见狼咬噬小儿，地上血迹斑斑……”微妙向众尼姑说着自己一幕幕的前尘往事。***3.2***

善用生命的智慧

俗话说：天有不测风云，人有旦夕祸福。

黄泉路上无老少，正因为如此，更要时刻警醒：

生命在呼吸间。

人无法管住自己的生命，更无人能挡住死期，永住人间。

既然生命这么来去无常，

我们应该好好地爱惜它、利用它、充实它，

让这无常而又宝贵的生命，散发真善美的光辉，

映照出生命的真正价值。

微妙与丈夫携子返娘家

北周 · 莫高窟第296窟

怀孕的微妙在丈夫陪同下，启程返娘家待产。儿子骑在父亲身上，一家三口温情满溢。图右镜头一转，微妙丈夫被蛇咬毙，微妙看见倒卧地上的尸首，激动得呼天抢地，旁边是她的儿子。

微妙痛失丈夫和两儿

北周 · 莫高窟第296窟

图左绘微妙和丈夫睡在树下，大毒蛇爬在丈夫身上，他被咬后毒发身亡。图右是微妙带着两个儿子过河的情况：微妙把新生儿安顿好，便折返对岸，但当大儿子看见母亲，跳进河中被浪卷走，留在对岸的新生儿又被狼撕吃吞食。

微妙得悉噩耗

她继续说：“一日之间，
夫死子亡，一家四口，
仅余我孤身一人，令我肝肠寸断。
在路上，我遇上娘家的老邻居，
从他口中才知道家里不久前失火，
一家大小全部葬身火海。
听到这噩耗，我又再次昏倒。
醒来后，老邻居可怜我，
留我住在他家，供给衣食，
当我如女儿般看待。
后来，一位住在老邻居旁的青年，
见我貌美，向我求婚。此时，
我也想找个归宿，便答应了婚事。
不久，我怀了那青年的骨肉。” **3.3**

心灵的热忱

“帮人不在多寡，而贵在及时。
老邻居的帮助是有限的，
却温暖了一颗凄凉的心灵。”

微妙娘家失火

北周·莫高窟第296窟

老邻居告诉微妙，她娘家已经毁于一炬，父母双亡。好心的老邻居于是收留孤苦无依的微妙。

第二任丈夫虐待微妙

微妙的恶运原来并未完结。

她说："我那继任的丈夫嗜酒，

在我怀孕期间，他还是夜夜在外买醉。

一晚，我一人在家，胎儿作动要生产了，

他却喝得醉醺醺回家。那酒鬼猛力敲窗踢门，

大嚷要入屋，但我当时怎能下床？

他破门冲进屋，不问缘由便毒打我。

我告诉他刚生下儿子，怎料，

那酒鬼抢去婴儿一刀杀了，还丢进锅里煮。

他好像乱了性，竟强迫我吃掉亲儿的肉。

天啊，我如何吃得下？但我被他发疯地打得死去活来，

哀莫大于心死，绝望之下，把肉吃了。

我不堪那酒鬼的兽行和虐待，连夜逃走了。" **3.4**

静候心灵的伴侣

一个人若尚未遇到有缘人，

以情疗情，为嫁而嫁，

即使勉强结成眷属，

迟早都会饮下自己酿成的苦酒。

丈夫逼微妙吃亲生儿

北周·莫高窟第296窟

微妙的第二任丈夫一夜酒醉夜归，正值微妙产子，进屋后愤而挥拳殴打微妙，后又迁怒新生儿，更丧失人性，将儿子放进热锅煮熟。

微妙第三次出嫁

“我又再无亲无故，出走后茫无目的，
走到波罗奈国，还未进城，累了便走到树下休息。
就在那儿，我偶遇了一位富家青年。
原来，他的妻子刚刚去世，
他每天走到城外的墓园怀念爱妻。
他见我一个孤身女子在树下哭泣，关切地问：
‘你是从哪里来的？为何坐在这儿？’
我便对他倾诉自己的种种不幸，
青年由怜生爱，与我结为夫妇。
我俩情深意笃，十分美满。
谁知婚后数日，我的新丈夫患急病猝逝。
按该国国法，要以死者生前最爱的人随葬，
于是我被活埋于丈夫的墓中。” **3.5**

心灵的偶遇

人的寿命因为短暂才显得珍贵，
世间真情因为难觅而显得美丽。
难得有一段刻骨铭心的爱，
当拥有时，我们应该好好珍惜。
当感情发生变化时，理应提得起、放得下。
人一旦时时刻刻回忆往事，
便会痛苦、怨恨、嗔怒、不甘心……

与富家子坟园相遇

北周 · 莫高窟第296窟

微妙受尽精神和肉体折磨，离家出走，逃至郊野坟园，遇上在墓旁悼念其妻的富家子。二人互相倾诉不幸，相惜相知。

微妙逃出生天

“当夜，一群盗墓贼掘坟盗宝，我才得重见天日，但那贼头子见我貌美，把我抱回贼窝，逼我做他的妻子。过了数月，那贼头子犯案被捕，判了死刑，我又再一次要按该国法律做陪葬品。三日后，一群野狼掘坟食尸，想是吃饱了没有伤我，我又自行爬出坟墓。”

至此，微妙对众尼说出她的出家缘由：“我虽再次逃出生天，但静下心来，想想我是良家女，却接二连三家破人亡，不禁悲从中来。究竟我前世犯下什么罪孽，以致今世得此报应？我常听说释迦牟尼舍弃俗累，潜心修炼，终得成佛。我决定遁入空门，剃度为尼。我向佛陀求解脱，佛见我全身赤裸，让阿难以袈裟披我身，又告诉我今生受苦皆因前生作孽。” **3.6**

智慧的历练

吃苦了，若能反思，苦尽甘来；
享福了，若不惜福，福尽悲来。
世间若无苦难，怎能令人成熟？
因此所有苦难，都是使我们智慧增长的资粮。

经典智慧：（佛）即为我说四谛之要，苦空非常。我闻是法，克心精进。

微妙陪葬、盗贼掘墓

北周 · 莫高窟第296窟

微妙因第三任丈夫病死，被送入墓，为其夫殉葬；但在墓冢的另一面，则见几个盗墓贼正用铲挖掘，发现微妙未死，并将她掳走。

微妙再成陪葬品

北周·莫高窟第296窟

贼头子被擒，府衙内官吏判他死刑。贼头子跪于地，一刽子手按其头举刀欲砍。贼头子被处决后，与微妙同埋墓冢。坟墓的右面有两只狼挖食墓中尸首。在墓之左，逃出墓冢的微妙半裸而跪，双手合十。

佛说微妙前生业缘

众尼姑追问："你在前生真有做恶事吗？"

微妙说："且听我说。佛陀告诉我，我前世嫁给了一个富翁，却没生得一男半女。后来丈夫再娶，那妾侍深得爱宠，不久生了儿子。我因嫉妒而生邪念，用铁针刺小儿囟门，把他杀死。妾侍疑心是我所为，但我死口不认，并起毒誓：'如果你的儿子是我杀的，我生生世世嫁夫夫死，孩子夭折，亲吃子肉，父母双亡，自己被活活生葬！'当时我以为并无祸福报应之事，谁知天眼自明，毒誓一一应验。我悔愆前过诚心向佛，苦心静修。即使如此，仍日日如有热铁针从头钻到脚，昼夜无尽。诸位心意荡逸，恋家缠缚甚于牢狱。我把我的罪孽报应诚恳地告诉诸位，望你们引以为戒。"

众尼姑听毕，悚然心惧，坚定了皈佛之心。3.7

嫉妒的心灵

人的嫉妒心像一把双刃刀，
你举起它时，
虽满足了伤害别人的目的，
但也使得自己鲜血淋漓，
而且种下祸根。

微妙求解脱

北周·莫高窟第296窟

佛为微妙说业缘。微妙半裸跪于佛前，披黑色袈裟的阿难递上衣服给她披上。

寓 意

微妙比丘尼所经历的苦难，非一世因果所能解答。身处痛苦折磨的她，自然无法找到令她满意的答案。她越是逃避痛苦，苦难越加剧。

针对这种处境的人，佛陀开导说：过去的事，已经过去，多想无益；未来的事尚未到来，想也无用。有些事，你现在如果想不通，就别想了；有些人，你现在如果无法面对，就别面对了；有些困扰，你现在如果不能处理，就别处理了；有些情绪，你现在如果不知如何分析，就别分析了。不想不理不是逃避，而是暂时让自己从烦恼里抽离；若再继续纠缠下去，恐怕只是让自己更深陷乱局；再说，你现在没有办法处理，不代表你以后也如此无能为力，所以你干脆把那些事、那些人、那些困扰和情绪暂时打包装箱，等到你有能力解决的时候，再从容优雅地处理。

毕竟时间的手，不但会把你抚慰得更柔软更有智慧，也会在不知不觉之间把你曾经打包的东西悄悄松绑！

果与因 | 第四站

种大福报的七种功德

《福田经》记载天帝释就如何增长福报的问题请佛陀开示，佛陀宣讲广施七法可以种下福田，“七法”即：设佛图户、植树造园、医药救治、利济行旅、筑桥铺路、凿井施水、兴建公厕。为什么做这七种事业的功德最大呢？

* 故事出自《佛说诸德福田经》，标示于各情节段落后的编号与“经文锦囊”部分对应。

佛说种福田七法

佛陀在舍卫国为大众说法，天帝释邀集天众拜见佛陀。一开始，天帝释问佛："有人种下功德，希望得到福报。可是怎样会得到无限的福报呢？只种下极微小的功德，就能获得无边无量的福报吗？得到福报的方法是什么呢？还请佛陀开示。"

佛陀告诉天帝释："有七种方法可以帮助增长自己的福报：建寺院恭敬出家僧众、植树造林予人清凉、布施医药救治病人、建造船只利济行旅、筑桥铺路令百姓安渡、凿井施水解除行人焦渴、兴建公厕予人方便。这样在生的时候就会如饮甘露，健康安宁，命终之时得以往生梵天。" **4.1**

行善的心灵

有心为善，虽善不赏；无心作恶，虽恶不罚。
换言之，若不管现实生活是否有需要，
仅仅为了博得乐善好施的美名而行善，
花费越大，自我膨胀越厉害，而又不能有针对性地解决实际问题，
哪来功德可言？修桥铺路、行医济世、挖井建公厕等公益事业，
对于有能力的人来说，可能是举手之劳，
而对贫苦大众来说，却是每天必须面对的大困难。
若能及时帮助他们解决这些燃眉之急，
受益的人不仅很多，而且每天都在受益，功德怎能不大？

经典智慧： 夫人种德，欲求影福，岂有良田果报无限？
种丝发之德本，获无量之福乎？

桥船渡民

隋 · 莫高窟第302窟

筑桥便人过河，是种福田七法之一。一载人的骆驼车正在过桥，桥下的河面上有两个人划着铁锅形小船在摆渡。

听聪前生建小精舍

当时，一个叫听聪的比丘听闻佛陀的说法，
欢欣喜悦，起身顶礼佛陀。
他说："我前世是波罗奈国一位长者之子，
曾在道旁建立精舍，供养僧人，接待食宿。
因此种下福德，往生梵天为天帝释，
并转世为转轮圣王三十六次，历经九十一劫，
以前世微小的供养，却得到了累世的福报。
此生仍有余福，可以得见佛陀，出家修道。"
听聪赞叹，佛陀所言真实不虚。**4.2**

心灵的需要

丰富的物质是幸福的基础，
健康的精神生活是幸福的根本。
资助化世导俗、净化人心的机构（如寺院），
照顾为社会提供健康的精神食粮的创造者（如僧人），
提升社会伦理道德，丰富精神生活，
使大众在"心"与"物"之间取得平衡，
在一个祥和的社会中生活，功德自然很大。

道旁立精舍

隋 · 莫高窟第302窟

当时的小精舍就像本画面所见，也叫“福德舍”，实为旅馆，接待僧人食宿。这座内垂幛幔的平顶房屋，茵褥上一男子踞坐，身边有三个正在演奏的女乐，屋外有一侍者侍奉，表现精舍是休息的好地方。

波拘卢前生施药

听聪说毕，另一位名叫波拘卢的比丘站起来，
向佛陀讲述自己前生曾种福田。
他说："从前我是一位长者之子，
有次前赴僧人举办的弘扬佛法大会上听法，感到无比欢欣，
于是拿了一枚有药疗效用的呵梨勒果供奉众僧。
由此功德，命终得以升入梵天，
下生人间都出生在尊贵的人家，
相貌端正，身材雄伟，超群绝伦。
历经九十一劫之久，身体康健，未曾生病。
此生仍有余福，可以得见佛陀，出家修道。"
波拘卢赞叹，佛陀所言真实不虚。**4.3**

怜恤病困的心灵

生命十分脆弱，病魔随时威胁着每一个人。病人往往会产生恐惧、孤独、无助的心态，十分需要人的安抚、照顾与鼓励。在照顾病人时，我们体会到人与人之间是忧戚与共的，也更能了解生命的有限，思考生命的意义，是一次心灵成长的好机会。因此佛陀说："在众功德中，照顾病人的功德最大。"

经典智慧：慈泽润枯槁，德勋济苦患，一果之善本，享福迄今存。

疗救众病

隋 · 莫高窟第302窟

画面中有两个医疗场景：上面的病人裸卧床上，二人各执其左右手，医师正对患者进行治疗。右下角还有一个病人由一人扶着坐。

须陀耶前生以瓶酪布施

座中另外一名叫须陀耶的比丘，也起身顶礼佛陀，讲述自己的前生。他说："我曾为维耶离国一小户人家之子，那时佛陀还未示现。僧人举办了一次弘扬佛法的大会，我当时拿着乳酪去集市贩卖，路过僧人讲法之所，便停下听法，感到无比欢欣，便以瓶中乳酪供奉众僧。因此功德，我得到了往生梵天的福报。下生世间，拥有无尽的财富。历经九十一劫，依旧尊荣华贵。到了此生，稍有坎坷。母亲怀孕数月后，得病死去，我在母腹之中同埋于墓穴。在满月后出生，在墓中的七年，靠饮去世母亲的母乳得以存活，大难不死，此生仍有余福，可以得见佛陀，出家修道。"

须陀耶赞叹，佛陀所言真实不虚。4.4

乐善的心灵

布施不是有钱人的专利品，
而是一份真诚的欢喜心。
因为布施如播种，
以欢喜心滋润，
种子才会发芽。

施饮

隋·莫高窟第302窟

树下一人递上水罐，另一人双手捧接。左侧是从水井汲水的情况。

阿难前生建浴池

座中一名叫阿难的比丘也站起顶礼佛陀，

讲述自己前生："我曾为罗阅祇国一位庶民之子。

有次全身生有恶疮，多方求治无效。

亲友告诉我，取用众僧洗浴过的水洗涤恶疮，

便可痊愈，又可增加福报。我听后十分欢喜，便到庙中，

诚心恭敬地开凿新井，供奉香油浴具，请众僧沐俗。

我用其洗浴过的水，果然治好恶疮。

因此功德，来生相貌端正，不为尘俗所染。

历经九十一劫，一直得到僧人的护佑。

此生仍有余福，可以得见佛陀，出家修道。"

阿难赞叹，佛陀所言真实不虚。**4.5**

行善的智慧

古人以人工挖井，确实不易， 但人又不能不喝水，

可见挖一口井对人们的生存多么重要，

故有"吃水不忘挖井人"之古训。

凿井施水，能解决人们的实际问题，功德自然很大。

植园施凉

隋·莫高窟第302窟（修复）

小园中有一浴池，二人正在池中洗浴。园内种树，可供乘凉，并有高墙围绕。

奈女前生以水果布施

座中一位叫奈女的比丘尼，也站起顶礼佛陀。

她讲述自己前世："我曾是波罗奈国的一名贫寒女子。

当时迦叶佛在世，经常为大众说法。我听后十分欢喜，

想要供奉佛陀，却因贫寒，一无所有，心中伤感，

故来到别人的果园中，乞求瓜果用以供佛。

我将乞来的一枚又大又香的奈果及一盆清水供奉给佛陀及僧众。"

佛陀知道她虔诚的心意，欣然接受。

因此福德，奈女得以往生梵天做天后。

后再下生世间，不经胞胎，出生于奈花之中，

端正干净，历经九十一劫。

此生仍有余福，可以得见佛陀，出家修道。

奈女赞叹，佛陀所言真实不虚。**4.6**

行善的心灵

布施不分大小，

关键在于是否尽力。

若能竭尽全力，

舍得把自己最爱的东西与他人分享，

功德自然很大。

果园及建塔工程

北周·莫高窟第296窟

右面是一座果园，树木葱郁，三人在园中似是交谈。左面见六个泥工在修建砖塔，塔上两人砌砖，下面一人和泥，两人送料，中间那人负责指挥。

天帝前生以财宝布施

此时座中的天帝释也站起身来，

顶礼佛陀，讲述自己的前生：

“我曾为拘留大国一位长者之子。

当时尚年幼，由婢女抱着进城游玩。

在街巷遇见出家僧众，见百姓多上前供养，

婢女便自言自语，希望能有财宝布施。

我便立即解下随身佩带的璎珞，给她供奉僧众。

因此功德，往生忉利天上，成为天帝释。

历经九十一劫，远离八难。”

天帝释讲述完前世因缘，

又吟诵偈子一首，发愿得以世世供奉佛陀。4.7

心灵的气量

成就他人，就是成就自己。

看到别人的善行、善事，

不但不嫉妒，反而尽心尽力，

促成其事，帮助他人，

进而见贤思齐，随缘乐施，功德自然无量。

佛前生为众僧造圊厕

接着，佛陀向天帝及大众宣讲自己前世的因缘。

佛说："我前世在波罗奈国时，

曾于大道旁兴建公厕，

方便国中过往之百姓。

因此而得轻安的人们，莫不感念。

由此功德，累世洁净，

纤尘不染，获得无边的福报，

得以了脱生死，进登佛道。" ***4.8***

心灵的净化

有些人外表虽然清洁、体面，

但内心却是骄傲、无礼和污秽的。

外表的肮脏容易洗净，

内心的肮脏才难于改善呀！

厕所是世界上最污秽的地方，

但有心建厕所者的心却是清净、善良的。

经典智慧： 忍秽修福事，我人所不污，造厕施便利，烦重得轻安。

寓 意

相传梁武帝做了皇帝以后，就一直想怎样才能使他的皇位长久、子孙相传。一天，他想：我今世能做皇帝，我前世是不是做了什么好事？他找到一位游僧，问他："我能当皇帝，你看我前世是做了什么好事，积了什么大德？"游僧闭目稍加思索后说："皇上前世是个樵夫，有一次在砍柴的路上遇到大雨，就跑到山上一座破庙里避雨。这座庙由于长年失修，佛像被风吹雨淋，你看到后起了善心，就想：怎么这样待佛呢？你当时很穷，就把自己唯一的一顶草帽戴在了佛像头上挡雨。佛看到了这一切，就想：这个人能有这样的善心，我就叫他得个福报，来世到人世间做一次人的王吧。"游僧说完就走了。

武帝听后就想：一顶草帽就可以当皇帝，我让全国都修庙建佛像，就能永远当皇帝了。于是他在全国各地大兴土木，修建了许多庙宇。三年后，武帝找到游僧，又问他："我这样可以稳坐江山了吧？"僧曰："非也，不但不能长久而且你还要折寿。"帝问："为什么？"游僧说："你前世是无为而做，这次是有求而做，而且使全国上下怨声载道、民不聊生。"帝听后愕然。

这个故事说明，不考虑实际需要，为功德而行善，动机是自私自利，施得越多，私心越大，哪来功德？反之，如果用一颗无私的心、真诚的心、随喜的心去做公益事业，让许多人可以从中得益，自然可以得到无限的果报。

经文锦囊

第一站：九色鹿救人

出处：《佛说九色鹿经》

1.1 昔者菩萨身为九色鹿，其毛九种色，其角白如雪，常在恒水边饮食水草，常与一乌为知识。时水中有一溺人随流来下，或出或没，得着树木，仰头呼天："山神树神诸天龙神，何不滑伤于我？"鹿闻人声，走到水中，语溺人言："汝莫恐怖，汝可骑我背上，捉我两角，我当相负出水。"既得着岸，鹿大疲极。

1.2 溺人下地绕鹿三匝[①]，向鹿叩头，乞与大家作奴供给，使令采取水草。鹿言："不用汝也，且各自去，欲报恩者，莫道我在此。人贪我皮角，必来杀我。"于是溺人受教而去。

注① 三匝：即三圈。对某人绕三圈，是在印度礼仪中表示敬重的方式，佛经常有"绕佛三匝"一词。绕圈也可以是表示人对物件的敬重，例如佛像、佛塔。

1.3 是时国王夫人，夜于卧中梦见九色鹿，其毛九种色其角白如雪，即托病不起。王问夫人："何故不起？"答曰："我昨夜梦见非常之鹿，其毛九种色，其角白如雪，我思得其皮作坐褥，欲得其角作拂柄，王当为我觅之。王若不得者我便死矣！"王告夫人："汝可且起，我为一国之主何所不得！"王即募于国中："若有能得九色鹿者，吾当与其分国而治，即赐金钵盛满银粟，又赐银钵盛满金粟。”

1.4 于是溺人闻王募重，心生恶念：我说此鹿可得富贵，鹿是畜生，死活何在？于是溺人即便语募人言：“我知九色鹿处。”募人即将溺人至大王所，而白王言：“此人知九色鹿处。”王闻此言即大欢喜，便语溺人：“汝若能得九色鹿者，我当与汝半国，此言不虚。”溺人答王：“我能得之。”于是溺人面上即生癞疮。溺人白王：“此鹿虽是畜生大有威神，王宜多出人众，乃可得耳。”王即大出军众。

1.5 往至恒水边，时乌在树头见王军来，疑当杀鹿，即呼鹿曰：“知识且起，王来取汝。”鹿故不觉，乌便下树踞其头上，啄其耳言：“知识且起，王军至矣！”鹿方惊起，便四向顾视，见王军众，已绕百匝，无复走地，即趣王车前。时王军人即便挽弓欲射，鹿语王人：“且莫射我，自至王所欲有所说。”王便敕诸臣莫射此鹿，此是非常之鹿或是天神。鹿重语大王言：“且莫杀我，我有大恩在于王国。”王语鹿言：“汝有何恩？”鹿言：“我前活王国中一人。”鹿即长跪重问王言：“谁道我在此耶？”王便指示车边癞面人是。鹿闻王言，眼中泪出不能自止。鹿言：“大王！此人前日溺深水中，随流来下或出或没，得着树木仰头呼天：‘山神树神诸天龙神何不滑伤于我？’我于尔时，不惜身命，自投水中负此人出，本要不相道，人无反复，不如负水中浮木。”王闻鹿言甚大惭愧，责数其民语言：“汝受人重恩，云何反欲杀之？”于是大王即下令于国中：“自今已往若驱逐此鹿者，吾当诛其五族。”于是众鹿数千为群皆来依附，饮食水草不侵禾稼，风雨时节五谷丰熟，人无疾病灾害不生，其世太平运命化去。

第二站：善事太子入海取宝

出处：《贤愚经·善事太子入海品》

2.1 有一国王，名曰勒那跋弥（晋言宝铠）。领五百小国王，有五百夫人婇女，皆无有子。王便祷祠诸天日月山海树神，经年历纪，不获子息，王大愁忧，而自念言："我今无子，旦夕崩亡，国无绍继，天下必乱。所以者何？五百诸臣，不相宾伏，便当力诤，强弱相欻，抂杀无辜，亡国丧民，莫不由此。"念是事已，益增愦恼。时有天神，知王至意，于王梦中，而语王言："城外林中，有二仙士，其第一仙，身有金色，福德聪辩，不可逮及。汝苟须子，可往求请，必当回意来生王家。"王寻惊悟，差有喜色，即敕驾乘，单将数人，遍至推觅。便得见之，即向求哀，种种自说："国无继嗣，忧深虑重，贪屈大仙，来生我家，绍继国嗣，去我忧患。若不见耻，唯垂见顾。"尔时仙人，见王殷勤，不忍拒逆，即便可之。第二仙人，复语王言："我亦当往生于王家。"王大欢喜，便辞还宫。经历数时，金色仙人，即取命终，王大夫人，名曰苏摩，即觉有娠。聪明女人能得此智，知所怀妊，分别男女，便自说言："我所怀妊，必当是男。"王及宫内，闻此语已，欣悦无量，王敕宫内夫人婇女，尽共承给，称悦其意，床褥饮食，极令细软，将护进止，不临危险。十月已满，其大夫人，便生男儿。端正绝异，身紫金色，其发绀青，人相具足。王及内外，观之无厌。因召相师，令占相之。相师寻诣，上下观相，欢喜踊跃，而白王言："此儿相好，人中难有。聪明福德，不可逮及。"王闻遂喜，复告相师，可为立字。相师问王："今此太子，受胎已来，有何变异？"王即答言："此太子母，索来妒恶，乐人之过，妄举奸非。见他人善，心不为喜。怀妊已来，志性改异，为人慈仁，矜愚爱智，好修施惠，等意护养。"相师闻此，赞言："善哉，此是儿志，寄情于母。"便为立字，字迦良那伽梨（晋言善事）。其第二夫人，名曰弗巴。第二仙人，亦复命终，生于第二夫人腹中，日月足满，便生男儿，形体状貌，无他殊异。复召相师，而瞻相之，相师披观，而语之言："此太子者，是常人耳。福德智能，为足自任。"王复敕之，为其立字。相师复言："有何异事？"王语相师："此太子母，索性忠良，为人慈顺，乐宣人善。怀妊已来，返更乐恶，嫉妒贤能，见善不喜。"相师复言："此亦儿志，寄之于母，故使然耳。"因即立字，为波婆伽梨（晋言恶事）。

2.2 其王尔时，注心爱念迦良那伽梨，不失其意。即敕为起三时之殿，冬时居温殿，春秋居中殿，夏时居凉殿，安置伎乐，而娱乐之。太子渐大，聪辩殊异，学诸世典，十八部经，诵持通利，善其义理。后辞出游，王即听之，敕治道陌，除去不净。乘大白象，金银校饰。千乘万骑，导从前后。

2.3 街道陌中，一切人民，挟道两边。诸楼阁上，观者无数。皆言太子熟似梵天，威相姿貌，人中稀有。尔时太子，见诸乞儿，身体羸瘦，衣被弊坏，左捉破器，右持折杖，卑言求哀，从人乞匄。

太子问曰："何以乃尔？"群臣答言："如此人辈，或无父母，孤穷单独，无所依仰，癃疾狂病，不能作役，无一钱储。身口所切，是使尔耳。"太子慈愍，心深增悼。

2.4 转复前行，见诸屠儿，杀害畜生，稍割称卖。太子问言："何以作此？"寻各答言："我不必乐，祖父已来，以此为业。若舍此事，无以自济。"太子闻此，长叹而去。转前到田，见诸耕者，垦地虫出，虾蟆拾吞，复见有蛇，吞食虾蟆，孔雀飞来，啄食其蛇。太子问人："此作何等？"耕者答言："此是我业，于中下种，后当得谷，以自供食，并输王家。"太子叹曰："人由饮食，杀害众生，役身役力，辛苦乃尔。"转复前行，见诸猎师，趣向群鸟，挽弓欲射。复见安网，张施在地。见诸禽兽，堕在其中，惊张鸣吼，不能得脱。太子问言："皆作何等？"咸皆答言："捕诸禽兽，以自供济。"太子闻此，深叹舍去。到河池边，见捕鱼师，张网捕鱼，狼藉在地，跳踉申缩，死者无数。太子复问，皆各答言："我仰此鱼，用供衣食。"太子长叹，愍哀群生，为衣食故，乃当如是。杀害众生，供俟身口，殃罪日滋，后报如何？便回还宫，忧念不乐。

2.5 往白父王："愿赐一愿。"王答之曰："恣汝所欲，不相违逆。"太子白王："出行游观，睹彼群品，为衣食故，欺诳杀害，积罪日增，意甚悼愍。欲得供济，愿王听我，用于王藏，自恣布施，充民所乏。"王于太子，倍加爱念，闻其所语，不能违意，即便可之。于是太子，即时宣下，告诸人民：迦良那伽梨太子，布施穷困乏短之者，一切施给，皆悉来取。若有欲须金银宝物衣服饮食及诸所须，当施与之。即开王藏，出诸宝物，着诸城门，及置市中。随人所须，一切悉给。尔时诸国，沙门婆罗门，贫穷孤老，瘫残疾病，强弱相扶，次第而至。须衣与衣，须食与食，金银宝物，恣意而与。尔时人民，展转相语，遍阎浮提，皆悉来集。用王宝藏，三分向二。时典藏臣，入白王言："大王典领五百小国，诸国使命，当有往返。事须宝物，还相报遗。太子布施，用王内藏，三分之物，向用其二。王可思之，勿令后悔。"王闻是语，而告臣言："我此太子，意好布施，其心猛盛，不可回转。若当禁遮傥违其意，令其忧恼，当云何耶？分恣其意，莫得违失。"如是数时，太子布施，所残藏物，三分用二。臣复白王："前所残物，日日布施。三分之中，已更用二。余残少许，当俟信遗，不可尽用。愿王熟思，后莫见咎。"王便思惟，而告臣曰："吾爱此子，特复倍余，不忍显露违逆其意。若来索宝，小避行来，若其急索，且复与之。乍得乍不得，可延日月。"尔时藏臣，得王教已。太子后日，来索宝时，其臣托缘，余处行来，或时索得，或时不得，不能一一称其所须。太子觉之，而自念言：今此藏臣，有何力能，敢违失我？不相承用，将是王意，故使尔耳。又人子礼，不应竭用父母库藏令其尽也。今此藏中，所残无几，我当云何，得于财宝，给施一切令无有乏？"作是念已，即问诸人："今此世间，作何事业，可得多财称意用之？"有一人言："不避剧难，远出贩卖，可得多财。"有一人言："垦治田亩，不避寒暑。广种五谷，可得多财。"有一人言："多养六畜，随时将护。时节蕃息，可得多财。"有一人言："唯不顾命，能入大海，至龙王宫，求如意珠。斯事成办，最得多财。"于时太子闻众人语，而自念言："行估种田，畜养六畜，且非我宜，得利无几。唯入大海，诣龙王宫。此入我意，当勤求是事。”

2.6 作是念已，往白父王：“我欲入海，求索珍宝，给施众生，用之无尽。唯愿父母，当见听许。”王及夫人，闻太子言。甚怀忧灼，问太子曰：“汝有何意，而欲入海？苟欲布施，成汝本志，我家所有藏内余残，尽当与汝，以用布施，何为自弃。云欲入海，又闻海中，多诸剧难，黑风罗刹，水浪回波，摩竭大鱼，水色之山，如斯众难，安全者少，百伴共往，时有一还。汝今何急，没身危险？我及汝母，无不极忧。诸王臣民，皆怀灼惕之惧。念舍此意，勿更纷纭。”于是太子，闻王此语，心在大计，志存拔济，王虽留遮，意不倾动，规尽身命，成办其事。布身于地，腹拍王前，因白王言：“唯愿垂哀，遂子本心。若必拒逆，不见听许，伏身此地，终不起也。”王及夫人，内外一切，见太子意，不可回转，自誓毕死，伏身于地，皆共解喻，晓谢令起，其言如初，执志不变。从一日至二日，乃至六日，王及夫人，自共议言：“太子不食，已经六日，到明七日，命必不全。此儿前后，意欲所作，要必成办，不可回转。若令入海，犹有还理，今违其意，交断人望，就当听之，放忧在后。”王与夫人，相可已讫，俱共来前，各捉一手，涕泪交流。因语之言：“听汝入海，可起还食。”于时太子，闻王语已，欢喜而起，晓喻父母：“我虽入海，不久当还。唯愿莫大忧念于我。”为办种种肴膳饮食，已讫出外，广行宣令：“迦良那伽梨，今欲入海，谁欲往者，当共俱进。”尔时国中，有五百贾客，咸皆来集，悉言欲去。是时国中，有盲导师，自前已曾数返入海。太子闻之，即往到边，向其殷勤，嘉言求晓："汝当与我共入大海，示我行来利害去就。"导师答言："我既年老，又盲无见，虽欲自去，私情甚难。王爱太子，隆倍异常须臾离目。有怀悒迟今闻与我，共入大海，傥复见拒，咎我不少。"于时太子，闻是语已，即便还宫，自白父王："今此国中，有盲导师，前已数返，曾到大海，愿王敕晓，令共我去。"王闻是语，自往其所，语导师言："我此太子，志存入海，种种谏语，意坚不回。事不得已。今听就去，念其年少，未厌辛苦。闻汝前行，知海去就，望汝回意，忍劳共往。"尔时导师，闻王是语，即白王言："恨我年耆，盲无所见。大王所敕，岂敢有违。"王得是语，即自还宫。于时太子，即共导师，论定发日，还到王所。王问左右："谁敬爱我，可与太子共往采宝。"波婆伽梨，即白王言："愿与兄俱，共涉大海。"王闻此语，而自念言："今弟共往险厄之中，傥能济要，胜于他人。"作是念已，即可听去。尔时太子，出三千两金，以千两办粮，千两办船；复以千两，辨诸所须。严办已讫，于是欲发。

2.7 王及夫人，诸王臣民，啼哭送之，别于路次。于是太子，与诸同伴，进道而去。到于海边，牢治其船。令有七重，候风时节，推着水中。以七大索，系于海边。摇铃唱令，语众人言："汝等皆听，海中众难，水浪回波，恶龙罗刹，黑风回覆，海色之山，摩竭大鱼，如是余难，其数犹多。前后入海，吉还者少。若狐疑者，于此可还。谁能坚意，分舍身命，不顾父母，不恋妻子，当共入海。至于宝所，若得珍宝，安隐还归，子孙七世，用不可尽。"作是令已，便断一索，日日如是。至于七日，唱令已讫，断第七索，望风举帆，船疾如箭。径与诸人，到彼宝渚，太子聪明，通达世典，识宝色相，悉知其价。示诸众人诸宝好丑，敕语众贾，令随意取。重告众贾，令多少得中，多取船重，有沉没之忧。少取行劳，不补其苦。敕诫已讫。独与导师，别乘小船，与众贾别。转复前进，导师问言："此前应有白色之山，汝为见不？"太子言见。导师语曰："此是银山。"转复前行，导师复问："当有绀色之山，汝见未耶？"太子答言："我已见之。"导师语言："是绀琉璃山。"转更前进，复问太子："此中应有黄色之山，汝为见未？"太子言见，导师语之："此是金山。"到金山下，坐金沙上，导师言曰："我今羸劣，命必不济。示方面已，进止道路，汝从是去，前当有城。其城极妙，七宝杂厕，汝到城门。城门若闭，其城门边，有金刚杵，汝便取杵，以撞其门。城中当有五百天女，各赍宝珠，来用奉汝。更有一女，最特尊胜，所持宝珠，而有绀色，名旃陀摩尼。此如意珠，得便坚持，勿令失脱。其余与者，亦可取之，摄录诸根，勿复与语。我今转极，余命少少，若命终后，念识我恩，对我发哀，埋此沙中。"导师语竟，气绝命终，对之悲恸，为之葬埋，随其所教，前进而去。

2.8 到七宝城，城门坚闭，见金刚杵在其门边，如语取杵，以撞其门，城门便开。五百天女各持宝珠，来奉太子。最前一女，手所持珠，如语绀色。随次第摄取，裹在衣角，便旋还来。

前太子别后，波婆伽梨复语众人："行来不易，但当多取。"众人贪宝，取之过度。太子还到，其船已满，放船还来，船便沉没。诸贾人辈，乍沉乍浮，太子已有如意珠，故身不没溺。波婆伽梨遥唤太子："当见救济，勿便捐弃！"太子闻语，即牵共浮，力励相挽，便得出海。出海之后，弟语兄言："我曹兄弟，辞父母来，入于大海，望不空归。际遇不谐，丧失财宝，单身空到，甚可耻也！"迦良那伽梨天性忠直，即语弟言："我故得宝。"弟语兄言："当用见示。"即解衣里以珠示之。弟得见珠，因而怀情：念我父王恩慈不普，偏爱我兄，我不在意。今我二人，俱来入海。兄得异宝，我独空归，从是已后，当贱遇我，我当云何？因其卧寐，阴杀其兄，取其珠宝，归语父王言，其兄没海，于是乃当异爱念我。作是念已，密自怀计。语其兄言："人村渐近，我曹兄弟，不应俱眠，宜更坐守护持宝珠。"兄即然之，常共更守。波婆伽梨次应休眠，卧地经时，极过常度，然后乃起。兄复次卧，由坐久故，睡寐极着。波婆伽梨起入林中，林中有树，其刺极利，即取两枚，各长尺五，持来兄边。兄眠甚重，一手捉刺，当其眼宕，刺令没刺，收宝而去。太子苦痛，高声急唤："波婆伽梨！波婆伽梨！此中有贼！"唤经数返无有应者。尔时树神语太子言："波婆伽梨，是汝之贼，刺汝眼竟，持汝珠去。"

2.9 于是太子宛转辛苦，匍匐而行。渐小前进。到梨师跋陀国。至于泽宕。值五百头牛来到其边。有一牛王。见于太子。怜敬兼怀。出舌舐之。余牛悉集。愕住共视。时牧牛人，来前试看，乃睹太子卧在于地。见其眼中，有是长刺；观其形相，又知非凡。即为拔刺，将至住处，常以酥乳，着其疮中，饮食供给，随其瞻养。复经数时，眼疮渐差，主人承事，未曾懈废。

2.10 尔时太子，问牧牛人："汝居此中，有何基业？"牧牛人答："我在此中，无有基业，唯仰乳酪，卖用自济。"太子自念：我遭困厄，劳烦主人，恒供养我。今者疮差，小能行来。当更方宜求易处所。念是事已，因语主人："尔所时节，共相劳烦，感念主人，恩难酬报。我欲前行，到于城中，展转行乞，以自供活。"时牧牛舍主，闻太子言，惧其舍内妻子奴婢有余厌辞，闻太子耳，若其不尔，何缘乃辞？作是念已，先问舍内："汝曹有何不称之事，而令贵客辞欲索去？"舍内皆言："我曹于此如兄如弟，不知何缘欲相舍去。"于时舍主，语太子言："我相承侍，未有不称，不可舍我转行余乞。"于时太子，闻舍主语，见其殷勤，恒护其意，且小停住。复经数时，便语主人："汝供待我，随时无乏，家内一切，接我隆厚，但我意中，自欲转行到前城中，望遣一人，将我共往。"时牧牛人，见其殷勤，恐违其意令其心愁，躬自将护，共至城中。已到彼城，共别当还。太子语言："汝哀我者，买索一琴，与我自娱。"时牧牛人，寻买索与，共相辞谢，于时别去。尔时太子，素多伎能，歌颂文辞，极善巧妙，即于陌宕，激声歌颂，弹琴以和，音甚清雅。城中人民，闻其音者皆乐听观，无有厌足。各持饮食，竞来与之。时城中有五百乞儿皆来依附，赖其饱食。

2.11 梨师跋王有一园监，为王监守果柰之园，柰有熟者，鹦鹉来食，手力不周，不能惊遮。于时园监，檐柰与王，其中好柰，鹦鹉啄坏。王见瞋恚，欲加刑罚，园监惶怖，向王自陈："家乏人力，故使尔耳，唯见宽恕。原匄刑罚，当索守人，更不令尔。"王便恕置，不问其罪。园监得脱，行求索人，见迦良那伽梨，匄于道边，观其形相，似是忠人，即语之曰：“汝能为我看守园不？汝若能者，当供所乏。”太子答言：“我眼无见，云何看守？”园监语言：“汝苟欲看，虽复无眼，当作方便。多作细绳，系诸树端，以诸铃物，连系相着，展转相牵，汝捉一头。若闻有声，汝便顿绳，鹦鹉惊怖，无缘得住。”太子闻语，而答之言：“若有此事，我能为之。”共相可竟，即往为守。

时波婆伽梨到父王国。王怪独来，即问消息。波婆伽梨而语王言：“我曹不遇，船重沉没，迦良那伽梨并诸贾人，合诸珍宝，尽没大海，我力励浮，趣得全济。”王及夫人闻是语已，闷绝良久，无所觉识，以水洒面，困乃还稣。宫合内外诸王臣民，闻此事者，莫不悲悼。王及夫人，语波婆伽梨：“迦梨太子没海，汝何以来？何不并就死大海中？”合土人民，无不痛惜，朝夕哭恋，如丧父母。太子在宫，常爱一雁。王告其雁：“太子养汝，今入大海，奄没不还。何不往看，知其所在。”因作书音，以系雁项。雁即高翔，广行求觅。游彼园上，识其歌声，即下试看。得见太子，鸣声悲喜，不能自胜。太子闻识，即解取书。眼无所见，不能看读，因求纸笔作书与王，说波婆伽梨刺眼委曲，所更历处，辛酸诸事，系于雁项。雁便飞去。

2.12 梨师跋王时有一女，端政殊妙，世间稀有。王甚爱重，不违其意。时女辞王，出游园观，王便听去。女至园中，见于太子迦良那伽梨，头乱面垢，目无所见，着弊坏衣，坐林树间。其女观察，睹其色状，心情属向，不离其侧，便坐其边，与共谈语。食时已到，王遣人唤，女还遣人白于王曰：“愿送食来，欲就此食。”即送食来。女语太子：“我欲共汝一处坐食。”太子答言："我是乞匄之人，汝是王女，云何共食？王若闻者，罪我不少。"其女殷勤，语太子言："若汝不肯，我便不食。"如是数返，逼迫不已，而便共食，言遂款笃，意渐附近，目无去离。日转欲暮，王遣人唤女，女还遣人，往白王曰："我愿为此守园人妇，不用其余国王太子。今我专心，殷勤如是，唯愿父王，勿违我意。"使到王所，具道其事。王闻是已，不能违情，因自言曰："此事灾异！是女不肖，乃至若是。宝铠大王为第一太子迦良那伽梨来求索之。今此太子入海未还，乃欲为是乞儿作妇，辱人名字，甚为不少，我当覆头藏着何处？"作是语已，复遣人唤，女言如初，执志不移。时王爱念，不能违意，就并将来，着于宫中，便令交会成为夫妇。复经数日，妇恒昼去，冥乃来还，夫怪问之："汝言与我共为夫妇，晨去暮还，心不在此，将为他志故使尔耶？"妇因自誓："我今一心，共相尊奉，无有他意大如毛发。若当实尔，至诚不虚，令汝一目平完如故。"言誓已讫，一目寻复如故。复问太子："汝之父母，为在何国？"太子语妇："汝闻大王勒那跋弥名字不耶？"答言闻之。"是我父也，彼王太子迦良那伽梨。汝复闻不？"答言闻之。"我身是也。"妇即惊问："汝复何为辛苦如是？"太子因为说其本末。妇闻是语，深怀叹息。语太子言："波婆伽梨怀害于汝，自古至今，未有此处。汝若得彼，当云何治？"答言："波婆伽梨虽害于我，我于其边，永无瞋恨。"妇复语言："此事难信，相困如是，奈何不瞋？"迦良那伽梨因自誓言："若我于彼波婆伽梨，无有微恨大如毛发。我言至诚，不虚欺者，当令一目复得平复。"自誓已讫，眼悉明净。妇见其夫，两目完净，端正威相，未曾所睹，喜不自胜。

2.13 往白其父："宝铠太子迦良那伽梨，父王识不？"王答言识。女即言曰："今欲见不？"王言："今在何处？"女言："我夫则是其人。"王笑之曰："此女痴狂，志乱失性。迦良那伽梨入海未还，见盲乞儿，名之为是。"女复白言："愿王往看。"王寻往视，审是太子，衣毛悚然，愧惧交怀，腹拍其前，向忏悔言："实不相知，愿恕其过。"密将太子，还着界上。便唱露言，大王太子迦良那伽梨，从大海还。施设办具，严驾象马，躬与群臣，自往迎之。还来到国，广作宾众，庄校其女，方云始欲以女用配。尔时雁还，担书到国。大王见雁，披解看读，始得消息，知太子存在，具知其所更辛酸诸事。王及夫人乍悲乍喜，宫合内外，靡不悲悼，懊恼瞋愤取波婆伽梨，枷锁其身，幽闭在狱。敕令告下梨师跋王：太子辛苦，在于尔国，云何默住，不来表示。书到其时，象马侍送，事若有违，吾当自往，使便赍书，径到其国。梨师跋王奉受披读。于是太子语梨师跋王："牧牛之人，于我有恩，我今思念，欲得见之，可遣使往为我唤之。"王寻召来，太子语王："我眼被刺，正仰此人，供给将养如我父母，王若见念，当为我报。"王大欢喜，即时赐遗名衣上服，象马车乘，园田舍宅，金银宝物，奴婢仆使，并所典牛，尽持与之。其人欢喜，非其所望，便得安乐，终身富贵，即还报使。因表事情，太子在此，实所不知辛酸诸事，伏想委曲。太子今者，已还得眼，即娉鄙女，为太子妻，庄严办具，臣自卫送。寻敕严具五百白象，金银校饰，极令殊妙。选五百人，奉侍太子，复令择取五百侍女，极取端正，才能巧妙，种种宝物，而庄饰之。五百乘车，宝物庄校，亦令极妙，以送其女。梨师跋王自与群臣数百千乘，亦共侍送，伎乐歌颂，围绕前后，称庆无量，进道还国。尔时其使，到大王所，披读书表，甚增喜踊，告下诸王，悉皆来集。即严象马，群臣百官，夫人婇女，导从前后，躬迎太子，到于界宕。尔时太子，遥见父王，下车步进，头面礼拜，问讯父母。父母亦下，便共抱持，别久念想与子相见，一悲一喜。诸王臣民见其如是，欣感之情，不可具说。谈论粗讫，即还驾乘。搥钟鸣鼓，作众伎乐，欢喜称善。导从趣城，到城门外，太子白王："波婆伽梨，今何所在？"王答之言："如斯恶人，天下不覆，吾不忍见。先来幽闭，在于狱中。"太子白王："今当还放。"王答之言："其罪深重，未及捡挍，云何当出？"太子复言："若不放出波婆伽梨，终不入城。"王即敕放，语令来出。既得脱出，来见太子。太子抱持，慰抚其意，然后尔乃入城至宫。尔时父母，诸王臣民，男女大小，见于太子，视于怨家，如视赤子，波婆伽梨虽刺其眼，无有微恨大如毛发，敬爱慈恻，倍加于前。一切大众，皆共叹美，甚为奇特。天上人中，实无有比。太子到宫，与波婆伽梨，亲款之情，慈爱如旧。徐问其珠，今在何处。波婆伽梨答太子言："来时藏著道边土中。"敕还往取，求觅不得。太子共往，到便见之，收取珠宝，还共归宫。以五百宝珠，遗与诸王，各令取一。残如意珠，而自留之。手捉其珠，便从求愿："若实当是如意珠者，令我父母所坐之处有七宝座。顶上当有七宝大盖。"其言已讫，如语而成。复捉其珠，而从求愿："令我父母宫内诸藏，及诸王臣所有诸藏，前所用施，悉令还满。"即时捉珠，四向历讫，一切诸藏，而皆还满。复敕诸臣告下诸国："迦良那伽梨太子，却后七日，当雨七宝。"即时告下，悉皆闻知。于时太子香汤洗浴。竖立大幢，以珠着头，着新净衣，手执香炉，向四方礼，口自说言："若其实是如意珠者，便当普雨一切所须。"求愿已讫，四方云雾，即有风来，吹除粪秽及余不净，悉自除去；次复雨水，用掩尘土；次复雨于百味饮食种种美味；次雨五谷，次雨衣服，次雨七宝，积满天下。尔时人民，称庆无量，视诸珍宝，犹如瓦石。于时太子，广布宣令：汝等已得一切所须供身之事，无所乏少。若能感识如是之恩，当摄身口意修十善道。尔时一切，阎浮提内，感念太子无极之施。人闻其令，克励其心，奉行十善，不犯众恶。命终之后，皆得生天。

第三站：微妙比丘尼的前世孽与今生苦

出处：《贤愚经·微妙比丘尼品》

3.1 波斯匿王崩背之后，太子流离，摄政为王，暴虐无道，驱逐醉象，蹋杀人民，不可称计。时诸贵姓妇女，见其如是，心中摧悴，不乐于俗，即共出家为比丘尼。国中人民见诸女人，或是释种，或是王种，尊贵端正，国中第一，悉舍诸欲，出家为道，凡五百人，莫不叹美，竞共供养。诸比丘尼自相谓言："吾等今者虽名出家，未服法药消淫怒痴，宁可共诣偷罗难陀比丘尼所，谘受经法，冀获所克。"即往其所，作礼问讯，各自陈言："我等虽复为道，未获甘露，愿见开悟。"时偷罗难陀心自念言："我今当教令其反戒，吾摄衣钵，不亦快乎？"即语之曰："汝等尊贵大姓，田业七宝，象马奴婢，所须不乏，何为舍之？持佛禁戒，作比丘尼，辛苦如是，不如还家。夫妻男女，共相娱乐；恣意布施，可荣一世。”诸比丘尼闻说是语，心用惘然，即各涕泣，舍之而去。复至微妙比丘尼所，前为作礼，问讯如法，即各启曰：“我等在家，习俗迷久，今虽出家，心意荡逸，情欲炽燃，不能自解，愿见怜愍，为我说法，开释罪盖。”尔时微妙，即告之曰：“汝于三世，欲问何等？”诸比丘尼言：“去来且置，愿说现在，解我疑结。”微妙告曰：“夫淫欲者，譬如盛火烧于山泽，蔓莛滋甚，所伤弥广。人坐淫欲，更相贼害，日月滋长，致堕三涂，无有出期。夫乐家者，贪于合会，恩爱荣乐因缘，生老病死离别，县官之恼，转相哭恋，伤坏心肝，绝而复稣。家恋深固，心意缠缚，甚于牢狱。我本生于梵志之家，我父尊贵，国中第一。尔时有梵志子，聪明智慧，闻我端正，即遣媒礼，娉我为妇，遂成室家，后生子息。”

3.2 “夫家父母，转复终亡。我时妊娠，而语夫言：‘今我有娠，秽污不净。日月向满，傥有危顿，当还我家见我父母。’夫即言善，遂便遣归。至于道半，身体转痛，止一树下，时夫别卧。我时夜产，污露大出，毒蛇闻臭，即来杀夫。我时夜唤数反无声。天转向晓，我自力起，往牵夫手，知被蛇毒，身体肿烂，支节解散。我时见此，即便闷绝。时我大儿，见父身死，失声号叫。我闻儿声，即持还稣。便取大儿，担着项上，小儿抱之，涕泣进路。道复旷险，绝无人民。至于中路，有一大河，既深且广。即留大儿，着于河边，先担小儿，度着彼岸，还迎大者。儿遥见我，即来入水，水便漂去，我寻追之，力不能救，浮没而去。我时即还，欲趣小儿，狼已啖讫，但见其血流离在地。我复断绝，良久乃稣，遂进前路。”

3.3 “逢一梵志，是父亲友，即问我言：‘汝从何来？困悴乃尔？’我即具以所更苦毒之事告之。尔时梵志，怜我孤苦，相对涕哭。我问梵志：‘父母亲里，尽平安不？’梵志答言：‘汝家父母大小，近日失火，一时死尽。’我时闻之，即复闷绝，良久乃稣。梵志怜我，将我归家，供给无乏，看视如子。时余梵志，见我端正，求我为妇，即相许可，适共为室。”

3.4 “我复妊娠，日月已满。时夫出外他舍饮酒，日暮来归。我时欲产，独闭在内。时产未竟，梵志打门大唤，无人往开。梵志瞋恚，破门来入，即见挝打。我如事说，梵志遂怒，即取儿杀，以酥熬煎，逼我使食。我甚愁恼，不忍食之，复见挝打。食儿之后，心中酸结，自惟福尽，乃值斯人，便弃亡去。”

3.5 “至波罗奈，在于城外树下坐息。时彼国中，有长者子适初丧妇，乃于城外园中埋之。恋慕其妇，日往出城，冢上涕哭。彼时见我，即问我言：‘汝是何人？独坐道边？’我如事说。复语我言：‘今欲与汝入彼园观，宁可尔不？’我便可之，遂为夫妻。经于数日，时长者子，得病不救，奄忽寿终。时彼国法若其生时，有所爱重，临葬之日，并埋冢中。”

3.6 “我虽见埋，命故未绝。时有群贼，来开其冢。尔时贼帅，见我端正，即用为妇。数旬之中，复出劫盗，为主所觉，即断其头。贼下徒众，即持死尸，而来还我，便共埋之。如国俗法，以我并埋。时在冢中，经于三日，诸狼狐狗复来开冢，欲啖死人，我复得出。重自克责，宿有何殃，旬日之间，遇斯罪苦，死而复生，当何所奉得全余命。即自念言：我昔常闻，释氏之子，弃家学道，道成号佛，达知去来，宁可往诣身心自归，即便径往，驰趣祇洹。遥见如来，如树花茂星中之月。尔时世尊以无漏三达，察我应度，而来迎我。我时形露，无用自蔽，即便坐地，以手覆乳。佛告阿难：'汝持衣往覆彼女人。'我时得衣，即便稽首世尊足下，具陈罪厄，愿见垂潛，听我为道。佛告阿难：'将此女人，付憍昙弥，令授戒法。'时大爱道，即便受我作比丘尼，即为我说四谛之要，苦空非常。我闻是法，克心精进，自致应真，达知去来，今我现世，所更勤苦，难可具陈，如宿所造，毫分不差。"

3.7 时诸比丘尼重复启白："宿有何咎，而获斯殃？唯愿说之。"微妙答曰："汝等静听。乃往过世，有一长者，财富无数，无有子息，更取小妇。虽小家女，端正少双，夫甚爱念，遂便有娠，十月已满，生一男儿，夫妻敬重，视之无厌。大妇自念：'我虽贵族，现无子息可以继嗣。今此小儿若其长大，当领门户，田财诸物，尽当摄持。我唐劳苦，积聚财产，不得自在。'妒心即生，不如早杀。内计已定，即取铁针，刺儿囟上，令没不现。儿渐痟瘦，旬日之间，遂便丧亡。小妇懊恼，气绝复穌，疑是大妇妒杀我子，即问大妇：'汝之无状，怨杀我子。'大妇即时自咒誓曰：'若杀汝子，使我世世夫为毒蛇所杀；有儿子者，水漂狼食；身见生埋，自啖其子；父母大小，失火而死。何为谤我？何为谤我？'当于尔时，谓无罪福反报之殃。前所咒誓，今悉受之，无相代者。欲知尔时大妇者，则我身是。"诸比丘尼，重复问曰："复有何庆，得睹如来？就迎之耶，得在道堂免于生死？"微妙答曰："昔波罗奈国，有一大山，名曰仙山，其中恒有辟支佛声闻外道神仙，无有空缺。彼时缘觉，入城分卫。有长者妇，见之欢喜，即供养之。缘觉食已，飞升虚空，身出水火，坐卧空中。妇时见之，即发誓言。使我后世得道如是。尔时妇者，则我身是。缘是之故，得见如来，心意开解，成罗汉道，今日我身。虽得罗汉，恒热铁针，从顶上入，于足下出，昼夜患此，无复竟已。殃福如是，无有朽败。”尔时五百贵姓比丘尼，闻说是法，心意悚然，观欲之本，犹如炽火，贪欲之心，永不复生。

第四站：种大福报的七种功德

出处：《佛说诸德福田经》

4.1 闻如是，一时佛在舍卫国祇树给孤独园，与大比丘千二百五十，菩萨万人，大众无数围绕说法。尔时天帝释，与诸欲天子三万二千，各将营从，不可称数，来诣佛所。稽首于地，皆坐一面。尔时天帝，察众坐定，承佛神旨，从坐而起。整服作礼，长跪叉手，白世尊曰：“欲有所问，唯愿彰演。垂世轨则。”佛告天帝：“譬如冥室，不求灯火，焉有所见，善哉问矣。吾当为汝分别说之。”天帝白佛：“夫人种德，欲求影福，岂有良田果报无限？种丝发之德本，获无量之福乎？唯愿天尊，敷扬惠训，令此愚曚福报无量。”天尊叹曰：“快哉天帝，开意所问，法无上矣。谛听善思，吾当具演令汝欢喜。”天帝大众受教而听。……佛告天帝：“复有七法，广施名曰福田，行者得福即生梵天。何谓为七？一者兴立佛图僧房堂阁；二者园果浴池树木清凉；三者常施医药疗救众病；四者作牢坚船济度人民；五者安设桥梁过度羸弱；六者近道作井渴乏得饮；七者造作圊厕施便利处。是为七事得梵天福。”尔时世尊，以偈颂曰：“起塔立精舍，园果施清凉，病则医药救，桥船度人民，旷路作好井，渴乏得安身，所生食甘露，无病常安宁，造厕施清净，除秽致轻悦。后无便利患，莫见秽恶者，譬如五河流，昼夜无休息，此德亦如斯，终得升梵天。”

4.2 于时座中有一比丘，名曰听聪，闻法欣悦，即从坐起，为佛作礼，长跪叉手，白世尊曰：“佛教真谛，洪润无量，所以者何？我念宿命无数世时，生波罗奈国，为长者子。于大道边，作小精舍，床卧浆粮，供给众僧，行路顿乏，亦得止息。缘此功德，命终生天为天帝释，下生世间为转轮圣王，各三十六反，典领天人，足下生毛，蹑虚而游。九十一劫，食福自然。今值世尊，顾临众生，蠲我愚浊。安以净慧，生死栽枯，号曰真人。福报诚谛，其为然矣。”尔时听聪，以偈颂曰：“惟念过去世，供养为轻微，蒙报历遐劫，余福值天师，净慧断生死，痴爱情无遗，佛恩流无穷，是故重自归。”于时听聪，礼已还坐。

4.3 复有一比丘，名曰波拘卢，从座而起，整服作礼，长跪叉手，白世尊曰：“我念宿命，生拘夷那竭国，为长者子。时世无佛，众僧教化，大会说法，我往听经，闻法欢喜，持一药果，名呵梨勒，奉上众僧。缘此果报，命终升天，下生世间，恒处尊贵。端正雄杰，与众超绝。九十一劫，未曾有病。余福值佛，光导痴冥，授我法药，逮得应真，力能移山，慧能消恶。善哉福报，为真谛矣。”尔时波拘卢，以偈颂曰：“慈泽润枯槁，德勋济苦患，一果之善本，享福迄今存。佛垂真谛义，蒙教超出渊，圣众佑无极，稽首上福田。”于时波拘卢，礼已还坐。

4.4 复有一比丘，名曰须陀耶，即从座起，整服作礼，长跪叉手，白世尊曰：“我自惟念先世之时，生维耶离国，为小家子。时世无佛，众僧行教化。我时持酪，入市欲卖。值遇众僧，大会讲法，过而立听。法言微妙，闻之欢悦，即举瓶酪，布施众僧。众僧咒愿，益怀欣踊。缘此福报，寿终生天。下生世间，财富无限。九十一劫，豪尊荣贵。末后余愆，生于世间，母妊数月，得病命终。埋母冢中，月满乃生，冢中七年，饮死母乳，用自济活。微福值佛，开阐明法，超度死地，逮得应真。谛哉罪福，诚如佛教。尔时须陀耶，以偈颂曰：“前为小家子，卖酪以自存，欣踊施微薄，得离三苦患，虽罪冢中生，饮乳活七年，因缘得解脱，归命圣福田。”于时须陀耶，礼已还坐。

4.5 复有一比丘，名曰阿难，即从座起，整服作礼，长跪叉手，白世尊曰：“我念宿命，生罗阅祇国，为庶民子。身生恶疮，治之不差，有亲友道人，来语我言：‘当浴众僧，取其浴水，以用洗疮，便可除愈，又可得福。’我即欢喜，往到寺中。加敬至心，更作新井，香油浴具，洗浴众僧。以汁洗疮，寻蒙除愈。从此因缘，所生端正，金色晃昱，不受尘垢。九十一劫，常得净福，僧佑广远。今复值佛，心垢消灭，逮得应真。阿难于佛前，以偈颂曰：“圣众为良医，救济苦恼患，洗浴施清净，疮愈蒙得安，所生常端正，殊异紫金颜，德润无崖限，归命良福田。”阿难礼已还坐。

4.6 尔时座中有一比丘尼，名曰奈女，即从座起，整服作礼，长跪叉手。白佛言：“我念先世，生波罗奈国，为贫女人。时世有佛，名曰迦叶，时与大众，围绕说法。我时在座，闻经欢喜，意欲布施，顾无所有。自惟贫贱，心用悲感，诣他园圃，乞求果蓏，当以施佛。时得一奈，大而香好，擎一盂水并奈一枚，奉迦叶佛及诸众僧。佛知至意，咒愿受之，分布水奈。一切周普，缘此福祚，寿尽生天。得为天后，下生世间，不由胞胎，九十一劫，生奈华中，端正鲜净，常识宿命。今值世尊，开示道眼。”尔时奈女，以偈颂曰：“三尊慈润普，慧度无男女，水果施弘报，缘得离众苦，在世生华中，上则为天后，自归圣众佑，福田最深厚。”比丘尼奈女，礼已还坐。

4.7 于时天帝即从座起，为佛作礼。白世尊曰：“我先世时，生拘留大国，为长者子。青衣抱行入城游观，值遇众僧，街巷分卫，时见人民，施者甚多，即自念言：愿得财宝，布施众僧，不亦快乎？即解珠璎，布施众僧，同心咒愿，欢喜而去。从此因缘，寿终即生忉利天上，为天帝释。九十一劫，永离八难，于时天帝。以偈颂曰：“德高无过者，开福塞祸元，圣众神定力，童幼发欢喜，效众悦意施，迁神典二天，自归世最厚，世世愿奉尊。”

4.8 佛告天帝及诸大众听我所说，宿命所行：“昔我前世，于波罗奈国。近大道边，安施圊厕。国中人民，得轻安者，莫不感义。缘此功德，所生净洁，累劫行道，秽染不污，功祚大备，自致成佛。金体光耀，尘水不着，食自消化，无便利之患，于是世尊。以偈颂曰："忍秽修福事，我人所不污，造厕施便利，烦重得轻安，此德除贡高，因解生死缘，进登成佛道，空净巍巍尊。"